RAPPORT
AU ROI

SUR

LES TROUPEAUX
DE PURE RACE;

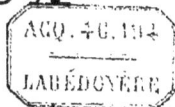

EXPLIQUANT les motifs et le développement des nouveaux principes d'administration pratiqués par M.ʳ ʟᴇ C.ᵗᵉ CHARLES DE POLIGNAC dans son Etablissement rural du Calvados.

———

CAEN,

Cʜᴇᴢ A. LE ROY, Imprimeur du Roi, rue Notre-Dame, ancien Hôtel des Monnaies.

———

1821.

Ⓒ

RAPPORT

AU ROI.

—————

SIRE,

Lorsqu'en 1816 et 1818 j'eus l'honneur d'invoquer les bontés de Votre Majesté en faveur d'une exploitation rurale de laquelle dépendait alors l'entière existence de ma famille, et qui, à la veille de disparaître sous le poids d'un décret rendu le 8 mars 1811, ne pouvait échapper à sa ruine, sans les bienfaits de Votre Majesté, je m'appuyai, vis-à-vis d'elle ainsi que de son ministère, des considérations de l'intérêt public. Pénétré de mon sujet, je me permis même d'avancer que ce serait peut-être une calamité pour l'agriculture comme pour l'industrie, si de grands établissemens de la nature du mien venaient à succomber, et n'étaient immédiatement protégés contre le vice des lois ou de règlemens administratifs, qui semblaient n'avoir été calculés que pour favoriser l'agiotage, et servir l'agriculture étrangère au détriment de celle de ses Etats.

Plaçant ensuite sous les yeux de Votre Majesté, séante en son conseil, le produit de mes réflexions et les fruits de ma pénible expérience, j'émis sur

A 2

cette matière des idées neuves qui parurent obtenir son assentiment ; et ce fut ensuite que, recevant d'elle les secours qui m'étaient indispensables, je sentis plus vivement encore le besoin de lui prouver ma respectueuse reconnaissance, en cherchant à justifier sa bonté par mon ardeur à obtenir de véritables succès.

Votre Majesté daigna permettre qu'à cette occasion une sorte de traité fût souscrit entre elle et l'un de ses sujets. Je m'obligeai à réaliser, pour l'emménagement d'hiver de l'année 1823, une *pile* française, dont la souche, composée de trois mille brebis de pure race *provenant toutes de mon croît*, entraînerait nécessairement pour la suite un matériel de dix mille bêtes à laine d'hiver, promettant de m'interdire jusques-là toutes ventes de brebis.

J'affirmai avoir la pleine certitude de réussir, si Votre Majesté m'en donnait la force ; et ne craignis pas d'avancer, comme je le répète encore, que *jamais* il ne s'établira en France de piles héréditaires, et par conséquent rien de conservateur, rien de national, qu'en adoptant et poursuivant les principes d'administration dont ce rapport est l'objet, et que je pratique aujourd'hui avec un plein succès.

J'observai aussi à Votre Majesté que ce système administratif offrait le précieux avantage de n'exiger la possession d'aucune propriété foncière, ni le moindre faisant-valoir ; ce qui éloignait d'abord deux grandes difficultés, et rendait en outre son extension possible réellement indéfinie.

J'ajoutai enfin que ma méthode me paraissait le moyen infaillible d'atteindre à la plus haute perfection touchant la qualité des laines ; ce qui était le point essentiel de la question, puisqu'en elles se trouvent concentrés en l'espèce tous les intérêts de l'industrie, ceux des finances publiques, et par conséquent la richesse de l'Etat.

Cinq années, Sire, seront bientôt écoulées depuis que Votre Majesté a daigné me couvrir du bouclier de sa sagesse ; et les époques s'approchant où je dois enfin justifier ce que j'ai osé avancer, j'ai pensé que le moyen le plus certain de servir ses vues paternelles, était de consigner dans un rapport public, des principes dont les événemens confirment tous les jours la bonté, comme de solliciter la vérification attentive et officielle de faits qui peuvent contribuer à juger ma méthode, et à la faire adopter si elle est trouvée avantageuse.

Telle est, Sire, l'intention comme le but de ce rapport, que je diviserai en deux parties.

Dans la première, j'établirai les faits et opinions qui ont guidé mon entreprise, et j'essaierai d'en dé-déduire de sages observations.

Dans la seconde, je placerai sous les yeux de Votre Majesté comme de ses conseils d'agriculture, le mécanisme entier de mon administration actuelle, les résultats matériels que j'en obtiens touchant l'état de mes troupeaux ; et j'y ajouterai enfin mes vues pour l'avenir dans l'intérêt général.

FAITS ET OPINIONS

QUI ONT GUIDÉ MON ENTREPRISE.

L'établissement des mérinos en France dut son origine aux premiers essais de quelques hommes instruits, exempts de ces préjugés funestes qui privent si souvent la grande famille de l'essor nécessaire aux nouvelles tentatives ; elle fut aussi le résultat des vues plus élevées du Gouvernement qui, en fondant Rambouillet, en pressentit les vastes conséquences.

D'abord les mérinos furent un objet de luxe; quelques particuliers s'en procurèrent pour compléter

A 3

leurs ménageries domestiques : bien peu voyaient au-delà, car l'opinion s'y opposait.

Les préventions à l'égard des soins qu'ils exigent étaient si fortes, la dépense nécessaire à leur entretien réputée si excessive, leur dégénération jugée si infaillible quand le soleil du midi passait pour influer sur leur nature, et leur chair enfin était tenue pour avoir une qualité tellement inférieure à celle de nos moutons indigènes, que les meilleurs cultivateurs, bien que fréquemment invités par le Gouvernement à recueillir ses bienfaits, furent de longues années à s'y refuser.

Il fallut un temps considérable pour les apprivoiser ; mais enfin, quelques-uns devenus plus entreprenans, ayant goûté le fruit des bons conseils, la spéculation sur les mérinos devint bientôt une véritable fureur. Elle se saisit tout-à-la-fois de la splendeur des salons comme de l'humilité des chaumières; elle sourit à la cupidité du riche comme elle devint l'appât des médiocres fortunes. Aussi vit-on dans peu d'années la France se couvrir d'un nombre infini de nouvelles bergeries ; les unes uniquement commencées par le métisage, d'autres mélangées des deux espèces, et quelques-unes qui s'attachèrent exclusivement à la pureté d'origine.

Durant ces courtes années, ceux des spéculateurs en pure race qui avaient mérité de s'accréditer, recueillirent d'abondantes récoltes ; chacun d'eux se fit une clientelle, et ils devinrent les dépôts attitrés, où la classe fermière de leurs environs venait chercher les élémens de sa fortune ou l'entretien de ses améliorations.

Largement récompensés de leurs sacrifices, les fermiers mettaient un prix réel à faire de bons choix; et la faveur que prirent les ventes de Rambouillet ayant communiqué son impulsion à la marche des affaires, l'amélioration générale faisait des progrès gigantesques, quand l'invasion d'Espagne ayant renversé ses barrières, et le décret du 8 mars 1811 essayé de placer toutes les propriétés de cette espèce sous la régie du Gouvernement, ces deux fléaux réunis éteignirent toute émulation et dérangèrent un grand nombre de fortunes.

Je me trouvai compris dans cette malheureuse classe; je fus même plus profondément blessé qu'aucun autre, comme m'étant plus fortement engagé; et ce fut alors que, méditant ma douloureuse position, comme écartant de moi toutes les illusions, je pris les opinions suivantes qui devinrent la règle de ma conduite.

J'admis d'abord en principe que toute faveur marquante était à jamais détruite, et qu'il ne fallait plus apprécier les mérinos que sous les deux points de vue de la valeur intrinsèque de leurs dépouilles, comparativement à celles des bêtes du pays, et de leur valeur personnelle comme objet de consommation.

Je pensai dès-lors, comme je le crois plus que jamais, qu'à bien peu d'exceptions près, tous les petits établissemens de pure race iront successivement se fondre dans le métisage; que leur sentence sera portée par la multiplication de l'espèce apparente qui entraînera infailliblement la chute des valeurs, et que l'appas du bon marché obscurcissant la raison des fermiers assez long-temps pour épuiser la patience des propriétaires en pure race, il arrivera que leurs recettes, désormais si loin de répondre aux espérances qui avaient fondé leur zèle, comme aux premières faveurs qu'ils obtinrent, et peut-être aux dépenses sur lesquelles leurs bergeries sont établies, ils finiront par abdiquer en détail.

Je me persuadai, en conséquence, qu'il n'y avait

A 4

plus de remplacement possible que dans les quantités, comme dans une persévérance à toute épreuve, et sur-tout dans le perfectionnement de l'espèce.

Je crus bien deviner que la France agricole finira par se diviser en deux sections parfaitement distinctes, dont l'une comprendra l'ensemble des troupeaux purement métis réunis aux troupeaux mélangés, qui, politiquement parlant, n'en feront qu'une ; et que l'autre consistera uniquement en quelques grands établissemens, réputés de première origine, qui s'élèveront au milieu dés débris ; enfin que, comme jadis en Espagne, il y aura des piles connues, et beaucoup de troupeaux moins accrédités.

Je calculai ensuite les conséquences de la guerre sourde que les intérêts personnels allumeraient entre les petits établissemens, les sacrifices que la nécessité arracherait à leur amour-propre, l'avilissement des meilleures choses qui en serait la suite, la confusion générale qui en deviendrait la conséquence, et, en définitif, une immense quantité de productions de moyenne classe, comme la pénurie réelle des laines de première qualité ; ce qui serait loin de répondre aux espérances légitimes du Gouvernement qui peut encore les obtenir, comme aux intérêts de l'Etat, qui sont :

1.º De se libérer définitivement du tribut qu'il continue de payer, plus ou moins, à l'industrie étrangère ;

2.º De pouvoir alimenter ses fabriques, et, en outre, s'assurer des moyens d'échanges avantageux.

Déjà, Sire, une grande partie des événemens que j'avais prévus (puisqu'ils sont annoncés dans une foule de mes Mémoires particuliers enregistrés au ministère), se sont complètement réalisés ; et ce que Votre Majesté va lire adviendra d'une manière non moins infaillible , parce que dans la nature , et sur-tout à l'égard de l'homme des champs , les causes produisent toujours leurs effets.

Déjà, dis-je , un nombre marquant de troupeaux de choix sont disparus , et la plupart de ceux qui restent disparaîtront de même par le seul effet des lois qui gouvernent nos successions. Beaucoup n'attendront même pas l'infaillible résultat des temps , puisque nos feuilles publiques sont surchargées , chaque année , de *fonds* de troupeaux qui , s'étant fait un nom , se mettent aujourd'hui en vente. D'autres qui résistent encore se négligent ou se dédoublent , au lieu de s'augmenter ; plusieurs de ces troupeaux de première création languissent , faute des alimens que leur procurait le commerce ; ils n'offrent plus que les débris d'un édifice dont les matériaux dispersés ne présentent aux yeux exercés que l'emblême de leur première existence et l'image anticipée de la destruction. En un mot, nos terres sont couvertes de la figure des mérinos , et bientôt peut-être il faudrait s'adresser au hasard pour s'en procurer de certains , si un meilleur ordre de choses ne pouvait se préparer.

Une autre calamité , fille de l'ignorance de certains cultivateurs , de la parcimonie du plus grand nombre , et sur-tout de l'inactivité temporaire du commerce , a singulièrement aggravé le mal en reculant l'amélioration déjà obtenue , qui se fût portée en avant , si le métisage eût continué d'être bien dirigé.

Et en effet, beaucoup de débutans en ce genre ayant obtenu de la quatrième ou cinquième génération des beliers dont les formes , la finesse , en un mot beaucoup des signes extérieurs , pouvaient même quelquefois le disputer avec avantage aux yeux les plus exercés , et qui y réunissant une taille plus élevée

(toujours si séduisante) , semblaient promettre de plus riches dépouilles ; beaucoup de ces débutans , dis-je , se figurèrent avoir conquis la race , et pouvoir , sans inconvénient , employer ces beliers dans leurs propres emménagemens.

Ils ne doutèrent pas que les doctrines à ce contraires ne fussent accréditées par l'ingénieuse adresse des propriétaires en pure race , véritablement intéressés à les propager ; et l'économie du moment venant en outre à caresser leurs erreurs , au lieu de continuer à perfectionner , comme certains propriétaires plus prudens qui sont demeurés les habitués de Rambouillet , ils ont visiblement rebroussé vers leur origine.

Ces fermiers mal-avisés , dupes d'eux-mêmes , ont aussi trouvé les leurs , et ne se sont pas fait faute de vendre comme pure race des espèces qui n'étaient encore que bien ébauchées.

Bientôt le poison de ces funestes doctrines exerça son influence , et porta ses ravages jusques dans les meilleures bergeries ; car il s'ensuivit que tel fermier qui , mettant jadis le prix à un bon belier , entretenait ainsi leur vigilance , ne contribuant plus par ses achats à l'écoulement de leurs productions , elles se sont insensiblement ralenties sur des sacrifices onéreux qui n'étaient plus alimentés.

D'un autre côté , les laines de moyennes classes s'étant singulièrement multipliées , ont spontanément baissé le prix d'une manière décourageante. Tel , par exemple , qui l'année d'avant ayant vendu ses laines de 35 à 40 sous , n'en trouvait plus que de 22 à 25 , a vendu ou négligé ses troupeaux ; nul n'a voulu s'avouer qu'indépendamment de l'agiotage , sa mauvaise administration y avait participé ; et c'est ainsi que de cascade en cascade , toutes choses prises en masse se sont notablement appauvries.

Ces faits, Sire, sont pour moi certains. J'espère que le temps y apportera remède, et que l'équilibre finira par se rétablir ; mais s'il existait des incrédules sur l'état actuel tel que je viens de le signaler, je les inviterais à en chercher la vérification dans des moyens faciles qui ne sauraient leur être suspects.

Qu'ils s'adressent au dépôt des laines, au lavoir public séant à Paris, aux déchiffreurs de profession, aux laveurs par état, aux fabriques qui, depuis nombreuses années, auraient continué d'acheter les mêmes troupeaux en surge ; qu'ils vérifient, année par année, les registres du rendement, les factures de vente qui en ont été la suite ; ils verront s'il n'est pas mathématiquement justifié que (toutes proportions gardées) ces troupeaux rendent aujourd'hui une moindre quantité de primes qu'autrefois. Et qu'ils ne viennent point en conclure, au détriment de la vérité comme de l'intérêt national, que ceci tient à ce qu'à la longue l'espèce dégénère en France; car je me fais fort de prouver *annuellement* le contraire de la manière la plus péremptoire.

Ainsi nous rétrogradons, non par la faute de la nature, mais parce que nous administrons mal. Aussi les belles primes, comparées à la masse croissante des mérinos apparens, deviennent-elles plus rares qu'autrefois. Des métis d'ancienne création, qui commençaient à en donner passablement, n'en fournissent plus qu'en moindre quantité ; et attendu qu'il n'y a que les primes qui conviennent aux fabriques de première classe, il faut bien que, pour soutenir leur réputation, elles tirent de l'étranger ce qui leur manque dans l'Etat.

De là, continuité à l'écoulement du numéraire français, ce qui peut mériter l'attention de son Gouvernement ; et, si j'osais sortir un instant de

mon enceinte , je croirais remarquer que c'est pré-
cisément la position actuelle de l'agriculture qui
entraîne la différence dans l'attitude actuelle que
présente Elbeuf comparativement à Louviers ,
parce que , dans un pays que la Providence a constitué pour être agricole , l'agriculture est le principe moteur de toutes les industries qui en émanent.

Je dis donc que cet état actuel opère et opérera
ceci (s'il n'y a prochain changement) , que tandis
que Louviers et Sedan ne trouveront point en France
les besoins de leur consommation , Elbeuf nagera
dans une abondance relative qui se soutiendra d'autant plus long-temps , que ses fabrications sont
aussi à la portée d'un plus grand nombre de bourses ;
et si n'étaient quelques premières maisons qui ,
heureusement pour la France , défendent encore la
juste célébrité de nos antiques fabriques , peut-être
cette importante propriété nationale , qui n'est encore que gravement compromise par la falsification
des noms comme par la manière d'ouvrager, serait-
elle à la veille de nous échapper.

Mais , Sire , ne serait-il pas possible que si cette
confusion dangereuse , qui se rattache de si près
aux raisons d'État , venait à se prolonger , elle ne
finît par exercer une influence funeste sur notre
commerce extérieur ? A Dieu ne plaise que je pré-
tende ici nuire injustement à personne, ni juger cette
grande question dont la solution n'appartient qu'aux
lois et à la sagesse des Gouvernemens ; mais j'ai
cru qu'il m'était permis d'émettre ma pensée, quand
cette affaire a fourni matière à des contestations
judiciaires , et que l'agriculture que je défends y
rencontre tant d'intérêts personnels : car je suppo-
serais , par exemple , qu'enfin découragée , ne s'at-
tachant plus aux principes d'amélioration qui seuls
conservent et perpétuent les races , l'agriculture li-

vrât tout au hasard, l'appauvrissement de nos matières premières, imperceptible dans son principe, deviendrait incessamment définitif ; et attendu, d'un autre côté, qu'on ne fabrique que par l'appas des bénéfices, qui ne nuisent en rien à la gloire des succès, mais contribuent au contraire à les encourager, cette espèce de gloire trouverait moins de disciples, si ces fabriques trouvaient plus d'avantage à suivre le torrent, et qu'après avoir vainement essayé de lui résister, comme, faute de réglemens conservateurs, il fût en quelque sorte libre à chacun d'usurper le nom de son voisin, ou d'éluder les lois qui le défendent ; en sorte que la licence, qui succède toujours à l'extrême liberté (quand elle a l'intérêt pour guide), porterait un coup funeste à notre crédit extérieur.

Les réputations acquises me paraissent en tous genres, et notamment pour les Etats, la plus immense des propriétés. Ce sont elles qui traversent les âges, quand on s'applique à les conserver; mais elles sont compromises aussitôt qu'elles se déplacent, ou qu'on s'écarte des principes qui les ont fondées. Il ne faut pas perdre de vue que la France a de puissans rivaux sous les rapports du commerce, et de très-ingénieux sous ceux de l'industrie ; que les débouchés à se ménager sont la proie que chacun guette, et que les fautes en ce genre demeurent rarement impunies.

Si l'Europe, par exemple, jadis certaine des belles productions de Sedan et de Louviers, bien que lisant encore leurs noms écrits sur des lisières qui portaient autrefois leur garantie, ne rencontrait plus sous plusieurs d'entre elles que des apparences privées du fond qui détermine la durée, parce que quelques-uns auraient pensé que le grand art n'est pas de faire de bon drap avec beaucoup de laine, mais de faire beaucoup de drap apparent avec peu de matières premières ; et que pendant ce temps des voisins aussi adroits en démarches qu'actifs en exécution et puissans en moyens de premiers sacrifices, profitassent d'un mécontentement passager pour tenter de conquérir la confiance, ou tout au moins de la détourner ; ne serait-il pas à craindre qu'il ne fallût plus de temps pour s'en ressaisir qu'on n'en aurait employé à la perdre ?

Les noms ne déterminent pas le fond des choses; ils ne sont plus même un signe, quand chacun, libre de varier ses combinaisons, n'a plus que leur versalité pour guide, ou que, par voies indirectes, on peut les appliquer à des fabrications de toutes les natures, trop souvent disparates avec le cachet qu'elles portent.

Je ne permettrai pas, Sire, de pousser plus loin ces affligeantes réflexions, qui peuvent cependant appeler l'attention des hommes d'Etat ; je répéterai simplement que l'agriculture française me paraît fortement intéressée dans cette lutte importante, parce qu'elle a besoin de tout le monde, et que si elle alimente ceux des fabriques, elle ne peut prospérer que dans le bon ordre qui les multiplie.

Et en effet, n'est-il pas évident que pour tendre à s'améliorer, il lui faut un intérêt durable à bien faire, puisqu'il lui faut aussi de nombreuses années pour opérer ; qu'elle ne peut trouver cet aliment que dans l'émulation ou même la rivalité des fabriques ; que son existence est attachée à la multiplicité de leurs besoins, comme à ce que toutes deviennent florissantes; que bien loin donc que l'agriculture puisse prendre parti entre elles, sa fortune dépend du bien-être de leur ensemble ; que la seule crainte qu'elle puisse avoir est dans la chute des unes ou des autres, qui diminuerait ses débouchés ; que par conséquent elle a besoin du maintien sacré de ces signes extérieurs qui les distinguent, si ces signes deviennent la sauve-garde de leurs œuvres réelles, tandis que la confusion serait sa ruine. Mais si les noms étant bien garantis par une surveillance légale et administrative, sagement assortie au fond des principes généraux qui nous gouvernent, on laissait seulement à chacun la liberté de ses actions personnelles, d'une manière suffisante à nourrir une émulation utile, cet ordre de choses mettrait un frein aux manœuvres d'envahissement dont ont déjà retenti les tribunaux, et qui, si elles existent ou qu'elles puissent exister faute des précautions requises, deviendraient une aussi criante injustice qu'un funeste attentat à la propriété ; mais le bon ordre une fois sagement assuré, alors l'agriculture, dont je ne cherche ici qu'à expliquer les intérêts dans le sens où ma raison les lui présente, les trouvera toujours dans cette rivalité noble, profitable à l'Etat, et qui, marchant sans dévier sous un pavillon bien garanti, forcerait telles villes manufacturières à soigner leurs réputations acquises, tandis que telles autres auraient pour objet de conquérir une égale célébrité.

Dans cette importante question, Sire, les intérêts se lient, ils sont inséparables. Le Gouvernement est le père de famille qui, tenant entre ses enfans la balance de l'équité, applique son expérience comme sa sagesse et son impartialité à régler leurs partages et à les mettre dans l'heureuse impuissance de dissiper le fonds du patrimoine public. Aussi, revenant toujours aux principes si nécessaires à défendre quand ils paraîtraient attaqués, je répéterai que les intérêts de la masse dont l'agriculture est l'origine, l'industrie l'action, le commerce le développement, tous ont un égal besoin d'être gouvernés ; mais que l'agriculture sur-tout réclame de l'appui, parce qu'il existe déjà en faveur de l'industrie et du commerce, cet énorme privilége acquis , qu'indépendans de leur nature et pour ainsi dire autorisés à envahir, l'agriculture sera éternellement esclave de leur direction ; en sorte que l'industrie n'a besoin que d'encouragement, quand l'homme des champs ne saurait se passer de la protection souveraine , et que la fortune de l'Etat se compose de la juste distribution de leurs rôles.

Ainsi, et dans le sujet délicat que je traite, si par des expériences officielles, auxquelles le ministère de Votre Majesté a daigné se prêter, j'ai été assez heureux pour démontrer complètement que les laines des troupeaux français perfectionnés par une bonne administration intérieure, sont notablement devenues d'une qualité essentiellement supérieure aux meilleures laines d'Espagne pour la confection des draps, parce qu'elles réunissent à tout le corps désirable , une douceur de toucher et un moelleux d'étoffe dont celles d'Espagne sont privées par l'ardeur d'un soleil qui leur imprime la sécheresse ; n'est-il pas évident que cette découverte est une importante conquête à conserver; qu'il ne nous reste plus qu'à nous assurer les quantités suffisantes aux besoins de nos fabriques; que pour atteindre à ce but, il faut que l'agriculture y trouve, d'une manière assurée et constante, le prix légitime de ses travaux, qu'elle ne peut obtenir que de la prévoyance administrative ; que si, chaque année, le cours varie d'une manière tellement sensible que les combinaisons régulières soient impossibles, elle ne peut pas bâtir sur un sol aussi mouvant ; que son existence , devenue ainsi accidentelle et passagère, est une véritable loterie dont le tirage dépend quelquefois, pour ne pas dire presque toujours, de telle spéculation commerciale conduite par quelques capitalistes qui déterminent ainsi la fortune

du

du jour sans promettre de lendemain. Et comment le Gouvernement pourrait-il espérer de mettre un terme au découragement destructeur qui résulte de cette fluctuation, autrement qu'en provoquant l'examen définitif de ces importantes questions *prises dans leur ensemble comme sans division,* puisque l'agriculture, le commerce et l'industrie ne sont ici qu'un tout homogène composé de parties différentes qui sont corollaires les unes des autres ?

Il faudrait, dans ma pensée, accorder à l'agriculture (puisqu'elle est le commencement de tout) ces garanties de stabilité si fréquemment sollicitées et toujours incomplètement obtenues.

Il faudrait prendre, dans ses intérêts, un véritable parti qui remplaçât des demi-mesures toujours suspectes, parce qu'elles sont entachées de variation ; qu'en un mot l'introduction des laines étrangères fût soumise à des droits sagement combinés d'après les besoins réels de l'agriculture, sans toutefois opprimer le consommateur non plus que l'industrie.

Mais aussi long-temps que le Gouvernement n'interposera pas son intervention d'une manière précise, que la loi ne fournira pas de garanties positives, que le capitaliste pourra se placer entre l'agriculture et l'industrie et les affamer l'une par l'autre, semblable aux frelons dans la ruche, ils continueront d'en pomper le miel, comme ils finiront par la dessécher ; et la décadence tendra vers sa fin, déjà si fortement indiquée (je le répète) par cette masse imposante de troupeaux distingués qui grossissent chaque jour la débâcle générale dans laquelle ils finiront par s'évaporer ; et jamais les accapareurs, nonobstant la séduction de leur langage, ne rétorqueront, au tribunal de la raison, le dilemme si simple : que s'il y avait profit dans le travail, nul ne vendrait son fonds ; que si chacun le fait successivement afficher, la perte est donc certaine. B

Je me suis toujours persuadé, Sire, que ce cahos ne pouvait long-temps subsister. J'ai observé que si les grandes agitations politiques débutaient par tout déplacer, semblables à ces mers en furie qui inondent leurs rivages, le calme, qui succède aux plus violentes tempêtes, les faisait bientôt rentrer dans leur lit, pour les soumettre de nouveau à ces niveaux voulus par l'éternelle sagesse ; qu'ainsi, soit que les choses soient nuisibles ou avantageuses aux peuples, tôt ou tard ils apporteront les mêmes soins à les proscrire, que d'application à les récupérer.

Or, comme on ne saurait contester qu'il ne soit avantageux aux Etats de supprimer les dépenses, et en même temps de multiplier leurs recettes, je n'ai jamais douté que le Gouvernement n'en prît un jour les moyens.

J'ai ensuite observé qu'en toutes choses ce n'étaient jamais que les grands établissemens qui pouvaient résister aux orages commerciaux, comme influer dans la balance ; que c'était encore eux qui constituaient le crédit extérieur, parce qu'en appelant plus spécialement les regards, ils faisaient autorité, et que, notamment à l'égard des races, il existait des maximes imprescriptibles, justifiées par l'influence qu'exercent les haras, selon le plus ou le moins de soins que les Gouvernemens y apportent; et j'ai enfin pensé que les monumens de toute espèce flattaient et contribuaient au juste orgueil des nations, en même temps qu'ils portent le cachet de leur puissance.

Tels sont, Sire, les principes et idées réunies qui, sur un sujet si modeste de sa nature, venant à fomenter dans mon esprit, m'ont fait attacher une sorte de gloire à triompher d'obstacles réputés invincibles, à réaliser ce que d'autres prétendaient impossible ; et qu'après avoir invoqué avec succès les

paternelles bontés de Votre Majesté du fond de ces
abîmes dont sa main bienfaisante a daigné me tirer,
subitement électrisé par le besoin de m'en montrer
digne, j'ai osé lui prédire, avec une sorte d'inspira-
tion, que si la Providence m'accordait les années
que mon âge pouvait encore me promettre, j'es-
pérais ne pas terminer ma carrière sans satisfaire mes
sentimens, et sans attacher à ma mémoire quelque
chose de bon dans l'Etat.

C'est ce qui me reste à soumettre aux lumières de
Votre Majesté comme aux intérêts fonciers de son
agriculture ; et après avoir placé sous ses yeux l'ensemble des faits et opinions qui ont déterminé mon
entreprise, j'espère qu'elle apercevra dans le mécanisme de mon administration, ainsi que dans mes
futurs projets, la forte indication d'un plan général
sagement conçu, et qui peut être appelé à produire,
par la suite, d'heureux effets.

MÉCANISME DE MON ADMINISTRATION,
ET FAITS MATÉRIELS QUI EN SONT DÉJA RÉSULTÉS.

PROJETS QUE J'Y AJOUTE DANS L'INTÉRÊT GÉNÉRAL,
ET CONCLUSIONS.

Je débuterai par supplier Votre Majesté de daigner
remarquer que ma nouvelle administration ne fut
point, comme beaucoup ont pu le penser, le témé-
raire élan d'une imagination vive qui, pressée dans sa
position, prête à de simples idées la couleur de faits
reconnus.

Dès l'année 1812, j'en avais risqué les premiers
essais, que j'étendis bientôt le plus possible ; mais
alors enchaîné par des baux innombrables qu'il fallait épuiser, il en résulta que j'exploitais en même

B 2

temps des deux manières ; en sorte qu'il me fut facile d'établir les comparaisons , et que , peut-être
soupçonné de n'avoir , dans le principe , placé sous
les yeux de Votre Majesté que le brillant prospectus
de séduisans projets , j'y avais réellement apporté
toute la maturité de la réflexion comme les fruits
d'une expérience déjà assez avancée.

Et en effet , j'avais débuté par placer mes propres
troupeaux en cheptel , et reconnu la nullité de ses
résultats.

Bientôt je fis valoir moi-même , accessoires compris , pour à-peu-près 10,000 francs de charrues.

Enfin , des circonstances forcées m'entraînèrent si
loin, que, soit en fermages à acquitter, soit en régies,
j'eus , durant plusieurs années, près de 80,000 fr.
de faisant-valoir à diriger.

Ainsi , ayant épuisé toutes les méthodes et connu
les inconvéniens de chacune d'elles , je savais donc,

1.° Que le cheptel légal ne peut enfanter qu'un
état stationnaire dont il est impossible de sortir , et
qu'il faut se résigner à y végéter éternellement ; tandis que bien que les revenus soient toujours à-peu-
près les mêmes , les capitaux décroissent chaque année dans la proportion exacte du cours marchand
des animaux ; tellement que si , dans l'espace de
vingt ans , par exemple , il advenait qu'ayant acquis
une souche primitive par le prix de dix louis la tête
d'animal , et qu'au bout de vingt ans il n'eût plus
cours que pour un louis, le capital primitif serait réduit des neuf dixièmes. Ainsi , le cheptel légal *en
fait d'animaux de pure race* , n'est autre chose
qu'un placement à fonds-perdu , qui n'a pas même
l'avantage de produire un revenu double ; et s'il est
d'ailleurs parfaitement applicable aux moutons indigènes , parce qu'ils auront toujours une valeur mesu-
rée sur les divers objets de consommation qu'ils produisent , il est une véritable folie pour les troupeaux

qui y ajoutent une valeur commerciale déterminée par le prix comparatif de leurs toisons : enfin , il enrichit le fermier , et il ruine le propriétaire.

2.° Quant au faisant-valoir en petit , il me semble qu'il serait déplacé de m'attacher ici à en déterminer les effets , puisqu'ayant des milliers de moutons à gouverner , il est évident qu'il n'est point applicable à mon espèce, non plus qu'au sujet que je dois traiter. Je me bornerai donc à en dire sommairement qu'il peut réussir , s'il est bien administré par un fermier qui exploite pour son propre compte, ou par un propriétaire qui en remplit rigoureusement toutes les fonctions ; mais que s'il n'est exercé que par procuration , alors les frais, qui dévoreront une partie des profits, en feront une misérable entreprise , à moins qu'il ne survienne des chances de commerce qui rappellent l'ancien temps ; et c'est ce que la raison ne peut accorder.

3.° A l'égard du faisant-valoir en très-grand , le seul qui pût suffire à la masse actuelle de mes troupeaux , je ne crains pas d'affirmer qu'attendu qu'il entraîne forcément des régies multipliées, il n'existe pas sous le ciel folie plus capitale ; il en sortira toujours la ruine certaine de tous ceux qui l'entreprendront : c'est violer tout-à-la-fois les lois de la nature, celles de l'expérience , et même de la simple raison ; c'est compromettre jusqu'au capital, puisqu'une maladie épidémique venant à se déclarer dans des troupeaux ainsi entassés , peut en enlever une majeure partie (danger dont mon système administratif écarte les funestes conséquences); c'est enfin se ruiner à plaisir. Tout pouvait s'endurer dans ces temps de glorieuse mémoire durant lesquels chaque animal propre à la production se vendait dix louis, et qu'encore il fallait négocier pour s'en procurer. Alors la folie des acquéreurs confir-

mait celle des exploitans : ce n'était plus qu'un
monstrueux gaspillage ; et je peux le démontrer,
puisqu'il est certain que par ma nouvelle administration, et moyennant une dépense fixe de 35,000 f.,
j'ai entretenu, durant l'année entière, les mêmes
espèces et les mêmes quantités de chaque espèce qui,
par le faisant-valoir en grand escorté de tout son
luxe, m'en avaient coûté précédemment 80,000 :
or, Votre Majesté peut, d'après cet exemple, apprécier le désordre dans lequel je fus entraîné par les
anciens usages.

Eclairé par l'expérience, j'ai conclu de tous ces
faits, que les méthodes pratiquées avant moi comme
par moi, étant inapplicables à la masse de troupeaux
dans laquelle je devais cependant chercher et pouvoir
seulement trouver mon salut, il fallait imaginer une
autre méthode ou succomber, et sur-tout en trouver
une qui cumulât les avantages suivans :

1.º Permettre une extension indéfinie, puisqu'il
était évident qu'on ne pouvait remplacer que par de
plus grands nombres la baisse infaillible des valeurs
individuelles ;

2.º Poser les limites certaines de la dépense, et
fermer à jamais la porte à tous mémoires, de quelques couleurs qu'on pût les revêtir ;

3.º Offrir aux fermiers des avantages certains sur
les produits pécuniers qu'ils pouvaient obtenir de
leurs troupeaux indigènes, puisque leur intérven-
tion était indispensable à mes plans, et qu'on ne
peut attirer à soi, comme assurer son autorité, que
par les séductions que l'on offre, et l'utilité réelle
dont on est ;

4.º Couvrir les dépenses par des rentrées toujours
sûres ; ne cherchant d'abord que de médiocres profits, sans préjudice toutefois de viser à les étendre
par une intelligence sage, dont l'expérience pourrait me découvrir les moyens ;

5.º M'attribuer l'autorité suffisante pour exercer la surveillance la plus active, ainsi que toutes les facultés d'administration intérieure relatives à l'amélioration des races, comme aussi le pouvoir de réprimer les fautes graves au moment même où elles seraient commises;

6.º Et enfin ne contracter avec les fermiers que des engagemens annuels, afin d'éviter les conséquences funestes d'un mauvais choix, la découverte d'un pacage insalubre, ou la perte d'un laboureur intègre dont les enfans en bas âge, ou la veuve inhabile, se trouvent si souvent soumis aux fantaisies d'un nouveau chef d'exploitation dont ils dépendent, et qui se plaît à changer les usages établis, pour prouver que c'est lui qui gouverne.

Je sentis en même temps que, dans la pratique, je devrais captiver la confiance des fermiers par l'application modérée de mes droits; les convaincre qu'ennemi du changement, mon contrat, bien que seulement annuel en droit écrit, deviendrait en quelque sorte un contrat à vie, s'ils le méritaient; en sorte que mes réserves, bien que fort étendues, ne seraient entre mes mains qu'une sauve-garde de prévoyance sans conséquences fâcheuses pour les honnêtes gens; qu'elles appliqueraient le cachet de la loyauté sur ceux auxquels je continuerais de confier mes troupeaux, et celui d'une négligence coupable ou d'un intérêt trop avide, sur d'autres qu'on me verrait quitter.

Telles furent, Sire, les idées qui dictèrent le contrat que j'ai successivement rectifié, dont (aux pièces justificatives, n.º 1.er) j'ai l'honneur de placer la copie sous les yeux de Votre Majesté; et, si elle daigne m'en accorder la lecture, je pense que, sans fatiguer sa bonté du commentaire dont il pourrait être susceptible, il s'explique assez de lui-même pour qu'il me soit permis de passer subitement à l'application que j'en fais, puisque c'est véritablement en elle que consiste le mécanisme de mon administration, et que c'est la seule chose que l'agriculture puisse plus particulièrement désirer de connaître, pour en saisir les avantages ou en corriger les inconvéniens.

MÉCANISME DE MON ADMINISTRATION

FONDÉ SUR LES DROITS RÉSULTANT DE MON CONTRAT.

Le 29 septembre, jour Saint-Michel de chaque année, est celui où se closent mes emménagemens d'hiver ; à dater de cette époque, mes troupeaux sont classés ; je n'ai plus rien de disponible jusqu'à la récolte suivante, car tout a été engagé aux fermiers qui ont été avertis de prendre leurs mesures en conséquence. C'est un champ ensemencé qui attend la moisson ; il n'y a plus lieu à aucune mutation essentielle, en sorte que ma présence devient inutile, et qu'il suffit des inspections courantes de mes agens pour surveiller l'exécution littérale de mes contrats.

La force de mes troupeaux n'a aucune règle fixe, bien qu'elle ait cependant des bornes déterminées qui souffrent peu d'exceptions.

Mes troupeaux de brebis portières se composent depuis 80 jusqu'à 130 têtes.

Ceux des beliers sont également de 120 à 130 ; il m'a moins bien réussi d'en réunir davantage.

Les espèces ne produisant pas, telles qu'antenaises, bécardes, moutons d'âge ou d'antenais, se composent de 80 à 150 : c'est la force des fermes et l'espace des bergeries qui en décide ; mais s'il faut fournir à un seul fermier de 250 à 300 ani-

maux, j'exige alors deux troupeaux et deux bergeries.

J'apporte la plus haute attention à classer les
animaux selon leur force, comme ils le sont toujours de même espèce ; il n'y a jamais que le dernier ou les deux derniers troupeaux de l'année, où,
faute d'étoffe, on peut rencontrer deux natures d'animaux ; mais alors encore, elles sont combinées de
manière à ne pouvoir se nuire.

Ainsi, les plus fortes brebis sont ensemble, comme
les plus forts beliers ; les plus fortes antenaises,
etc., et ainsi de suite jusqu'aux plus faibles. Ces
soins ont pour objet que si les forces étaient iné-
gales, les animaux plus faibles ne pourraient pas
défendre leur place au râtelier, et il en résulterait,
si on n'y faisait attention, qu'on obtiendrait à la
fin de l'année quelques animaux d'une force plus
remarquable, à côté de nombreux avortons, tandis
qu'en classant les animaux par taille à-peu-près proportionnelle, on parvient à une uniformité de coup-
d'œil qui plaît, en même temps qu'elle contribue
par suite à l'amélioration du fonds.

Ma liberté étant acquise après les placemens d'hiver terminés, l'administration se réduit à la surveillance qui s'exerce de la manière qui va suivre ;
mais il faut préalablement savoir que chaque fermier, en recevant son troupeau, reçoit aussi son
registre de ferme, conforme au modèle (coté n.º 2),
aux pièces justificatives, et qui suffit pour y main-
tenir un ordre rigoureux.

Chaque troupeau a son numéro : les beliers et
moutons en sont marqués au feu sur la corne ; les
femelles sont distinguées par des coups d'emporte-
pièce aux oreilles, ce qui est fait une fois pour toutes ;
et je pourrais confondre ensemble tous mes troupeaux, qu'à l'instant même leur ordre serait ré-

tabli, sans pouvoir s'y tromper. En conséquence, toutes les autres marques sont proscrites , entre autres , celles du brai qui perd la laine à laquelle il s'attache , brûle l'extrémité de la mèche , et cause au lavage un déchet prodigieux.

Mon inspection et administration particulière se compose de quatre personnes, employées comme il suit :

Un inspecteur en chef , tenant les registres , et exécutant les instructions écrites que je lui ai laissées;

Deux bergers - chefs et un berger de secours, homme à tout faire , comme sans emploi déterminé.

Ces trois bergers exercent diverses fonctions; ils ont d'abord entre eux trois la conduite de mes deux troupeaux de beliers d'élève , comme étant les plus importans à bien diriger.

Les deux bergers-chefs sont , dans l'occasion , employés comme vétérinaires ; ainsi , des accidens arrivent, ils y courent , et le berger de secours remplace celui qui est absent.

Ils exercent ensuite temporairement et alternativement les fonctions de sous-inspecteurs , auquel cas ils sont remplacés de la même manière.

C'est l'inspecteur en chef qui a ma correspondance et qui commande tout.

Il résulte de cet arrangement que cet inspecteur en chef a toujours un berger disponible , en sorte qu'au temps de l'agnelage , j'ai à-peu-près deux inspecteurs toujours en campagne , ce qui constitue une surveillance infiniment active qui me garantit celle des fermiers comme celle de leurs bergers.

Ce n'est guères , au surplus , que sur les fermiers et bergers entrans qu'elle s'exerce avec beaucoup de suite ; car j'ai un grand nombre de cultivateurs aussi jaloux que moi de leurs succès, de parfaites honnêtes gens qui mettent leur plaisir au bon état de leur troupeau , qui y attachent de l'amour-propre , qui s'informent comment a pu faire tel qui a mieux réussi qu'eux , et chez lesquels les visites ne sont que des jouissances et une simple vérification de l'état des registres.

S'il survient une maladie épidémique , l'avis en est immédiatement donné au chef-lieu ; l'inspecteur en chef s'y transporte accompagné d'un berger-vétérinaire, les anciens au besoin sont tous consultés, les communications sont rompues ; enfin , par cette organisation aussi simple que peu dispendieuse , je jouis réellement, comme moyens sanitaires , d'une opulence effective dont j'ai constamment recueilli d'heureux effets.

Les véritables fonctions d'inspection se partagent, comme je l'ai déjà dit, entre l'inspecteur en chef qui en fait la grande majorité , et les bergers-chefs qu'il délègue. Voici comment ils y procèdent ; mais il faut préalablement savoir qu'il existe au chef-lieu un registre matricule , sur lequel chaque troupeau a sa feuille particulière où son état d'emménagement est inscrit conformément à son contrat.

L'inspecteur en route a , en outre , son carnet portatif : il passe d'abord la revue du matériel considéré dans sa masse ; il donne les conseils ou fait les observations convenables ; il vérifie ensuite le nombre des animaux , et , si c'est au temps des naissances, quelle est leur nature ; il inscrit tout sur son carnet , puis il compare si son résultat effectif s'accorde avec celui que donne le registre de ferme qu'il se fait présenter. S'il y a erreur, il la rectifie, exige plus d'ordre ; il résume le net effectif du jour, l'inscrit sur le registre de ferme comme sur son carnet ; il arrête le compte , le date et le signe , en sorte qu'il part toujours de ce dernier arrêté pour les inspections suivantes qui succèdent , et s'exécutent sur le même plan.

Rendu à son domicile , il transcrit sur le registre matricule le résultat de ses tournées, avec leur date et le résumé , en sorte qu'à tel jour de l'année qu'il me plaise , à Paris, savoir mon effectif certain , il me suffit de demander qu'on me l'envoie , pour recevoir , par le retour du courrier , un petit tableau contenant autant de têtes de colonnes qu'il y a d'espèces d'animaux , et de lignes qu'il y a de troupeaux , pour , moyennant une seule ligne par troupeau , être pour ainsi dire présent dans chacun d'eux ; en sorte que ce mécanisme , que beaucoup peut-être considèrent comme très-compliqué , se réduit à une pratique si courte et si simple , qu'il n'existe certainement pas le plus mince faisant-valoir qui n'exige plus de travail ; et je prouverai, quand on voudra , que le registre de ferme le plus surchargé *des écritures d'une année ,* n'entraîne pas un quart d'heure de copiste.

Les tournées d'inspection ont encore pour objet (principalement chez les fermiers débutans) de vérifier la qualité comme la quantité d'alimens que reçoivent mes moutons ; de s'assurer si , avant que de partir pour les champs , le berger a eu le soin de garnir ses râteliers , pour que tout se trouve prêt quand les animaux rentrent ; de constater si les râteliers sont bien posés , de telle sorte qu'ils ne puissent se coucher dessous ; de voir s'il existe ou non du pailleux dans la laine ; si les bergeries sont vidées assez souvent, pour qu'en s'échauffant les fumiers ne portent aucun préjudice à la santé des animaux ; si les agneaux qui restent à la bergerie reçoivent régulièrement les provendes (mélanges de son et d'avoine en grain légèrement humectée) qui leur appartiennent , parce qu'elles contribuent à les fortifier ; de s'assurer si le berger a la précaution de pratiquer des séparations ou enclos particuliers qu'ils nomment *clotins*, pour y loger séparément les agneaux nouveaux-nés dont les mères ne veulent pas laisser teter, et qu'il faut tenir pour les y habituer ; et si la bergerie est séparée par des claies ou divisée en plusieurs *appartemens* (ainsi qu'ils les nomment encore), pour que les mères qui ont agnelé ne soient jamais confondues avec celles qui n'ont point encore jeté leur agneau. En un mot, Sire, ces inspections portent sur les soins que la pratique a enseignés à tous les bons bergers ; et j'ai seulement cet avantage, qu'ils ne dépendent pas pour moi de la seule fantaisie d'un berger, mais d'un ordre régulièrement surveillé, auquel on ajoute uniformément les nouvelles pratiques dont l'effet utile se fait remarquer, si bien qu'il suffit qu'un seul berger sur tous exécute quelque chose de meilleur, pour qu'à l'instant toutes les bergeries en soient instruites et reçoivent l'ordre d'imiter.

Ces bergers, comme l'indique mon contrat, ne sont point à mes gages ; ce sont les fermiers qui les leur paient : il n'y a à proprement parler que mon berger de secours qui les reçoit de ma main ; mais je donne à tous des pour-boire proportionnés à leur peine et à leur conduite.

Ceux des bergers-chefs sont, comme de raison, plus importans ; et il y a conditions pour les gagner, comme conditions pour les perdre.

Je ne les acquitte qu'après la Saint-Michel de l'année *révolue*, parce qu'il faut les soins de l'année *échue* pour les recevoir ; j'en fais moi-même la feuille, sur laquelle sont inscrits, *à la colonne d'observations*, les motifs de la récompense ou les causes de la punition. Il y a prime pour celui qui a le mieux réussi à l'agnelage; il reçoit double récompense ; et je me propose d'établir d'autres primes secondaires, qui ajouteront à une émulation de laquelle dépendent mes succès. Ainsi, il résulte de cette organisation, que par l'appât des pour-boire, tous les bons bergers désirent entrer dans mon établissement : puis aussi que c'est pour eux une place inamovible; car, s'ils sont bons, soigneux et reconnus pour tels, bien que payés par leurs maîtres, ils dépendent encore plus de moi que d'eux ; parce que, si tel bon berger ne s'accorde pas avec tel maître, je le place moi-même chez un fermier entrant, auquel je n'accorde de troupeau que sous la condition que tel berger le suivra ; et s'il s'en rencontre de plus intelligens, on les forme peu à peu par de petits emplois de confiance, tels que transports, ventes, choix, maladies, suivre les tontes, ployer les toisons ; en un mot, toutes petites distinctions qui les attachent à l'établissement, et produisent toujours quelques bénéfices particuliers en faveur de celui qui les exerce. C'est, en un mot, la pépinière où tout s'élève, et où je dispose mes remplacemens.

Quant à la nature des subsistances, et même à leur quantité, il n'existe aucune règle fixe. J'ai lu beaucoup d'écrits en ce genre, je n'y ai jamais aperçu que le compte rendu par un agriculteur de ce qu'il fait chez lui, ou la compilation des substances qui conviennent aux moutons ; mais je peux professer aussi que toutes ces doctrines varient autant qu'il y a de fermes et qu'il y a de différence dans les récoltes ; car, par exemple, j'ai des troupeaux placés dans tels cantons où abondent les trèfles, les luzernes, les sainfoins et les petits foins.

Dans tels autres ces productions y sont rares ; mais on y supplée en semant pour fourrages plus grande quantité de pois d'hiver, pois d'été, arroches, vesces d'hiver, lentilles, orges, avoines, dont on sème aussi des mélanges, qui fournissent ce qu'ils nomment de *la gerbe*, et dont on varie la distribution. Ainsi il résulte de ces différences de sol, comme aussi de la variété des saisons et des récoltes qui en sont la suite, que je n'ai certainement pas deux troupeaux nourris d'une manière uniforme ; en sorte que tous mes principes se réduisent à donner suffisamment à manger à même les produits de la récolte, et que, comme principes généraux, je ne fais surveiller que ceux-ci.

Du moment que l'automne s'avance, que passé la Toussaint les temps deviennent pluvieux ; bien que les animaux rentrent encore à la bergerie avec des ventres boursoufflés qui leur donnent de l'apparence, on peut être certain que le lendemain ils seront creux, parce que la nourriture qu'ils ont prise ne tient pas dans leur estomac : en conséquence, les inspections que j'ordonne ont pour but, non pas qu'on remplisse leurs râteliers, mais qu'on y parsème quelques gerbes ou autres fourrages secs qui les ressuient intérieurement, et donnent du corps aux substances aqueuses qu'ils ont prises dans les champs.

Si, au contraire, le temps se soutient au sec, les troupeaux n'ont encore besoin de rien à la bergerie : ce serait une prodigalité inutile ; il vaut mieux leur réserver ce supplément de fourrages pour un mois plus tard.

Mais vers le commencement de décembre, c'est toute autre chose ; l'herbe des champs a perdu sa sève, il faut préparer la mamelle des brebis et les soutenir vigoureusement dès l'instant qu'elles ont jeté leur agneau : c'est de là que dépend toute la récolte, et même qu'elles prennent bien ou mal leur agneau, car la nature les avertit si elles peuvent ou non les nourrir.

C'est dans cette saison que les inspecteurs ont besoin d'une surveillance infiniment active , pour faire proportionner les subsistances aux besoins réels du troupeau , dont ils jugent , non sur ce qu'on leur dit, mais sur ce qu'ils voient par l'état des mamelles et celui des agneaux ; et si l'inspecteur est par trop mécontent, il envoie un berger à demeure jusqu'à ce que l'ordre soit rétabli.

C'est ainsi que se passe la saison d'hiver et qu'on atteint enfin le printemps , époque à laquelle commencent à s'exécuter les mesures préparatoires , soit aux ventes , soit à l'amélioration des races.

On débute par la plus importante de toutes les revues , celle de passer à la laine l'entière récolte de l'année précédente : ceci est une opération classique pour laquelle on réunit toutes les lumières de l'établissement. Et attendu que par mon lavoir j'ai déjà formé un bon ouvrier *défricheur*, il suit, pour cette visite , mes plus forts bergers , en sorte que de leur décision réunie résulte toujours un fait positif.

Toutes les antenaises dont la dépouille est jugée *prime* de première classe , sont désignées pour le remplacement futur des premiers troupeaux ; il n'y a plus que leur manque de taille qui leur interdise l'honneur d'y entrer.

Toutes celles jugées de deuxième classe sont également signalées ; mais il arrive souvent que l'année d'ensuite elles remontent à la prime , parce que la première toison est toujours la moins fine.

Si l'on rencontre quelques animaux jarreux, tachés, à grosse laine , ils reçoivent une marque qui devient pour eux une carte de boucherie pour l'automne suivant.

Les classes faites et réunies séparément , tout est marqué à l'emporte-pièce pour les femelles , et c'est affaire terminée pour la vie ; ce qui sauve ce tripotage perpétuel qui nuit aux troupeaux.

L'inspection

L'inspection des beliers d'éleves, alors antenais, se passe d'une manière encore bien plus soignée : car, indépendamment de la laine, ils doivent réunir la finesse, la nature de la mèche, le tassé, la force corporelle, les formes extérieures ; on cherche ce qu'on peut trouver de mieux, et le déchiffreur pour la laine, les bergers pour les formes, disputent leur terrain : il se tient en quelque sorte conseil sur chaque animal.

S'il est prévu, je suppose, qu'il faille dans l'établissement 50 beliers de lutte pour l'année, on commence par arrêter le nombre de ceux qui y seront préalablement destinés dans le troupeau de beliers d'âge, et, s'il a été décidé qu'on en prendrait 20, il n'en reste plus que 30 à fournir par les troupeaux de beliers antenais.

On en marque à-peu-près 50 au lieu de 30 comme de premier choix, et on les réunit ; sur ces 50 on en retranche 10, et on en désigne environ 40 qui reçoivent une marque *provisoire*, car tout n'est pas encore fini pour eux.

Ensuite on continue l'opération autant qu'elle peut aller ; c'est-à-dire autant qu'on trouve d'animaux qui sont ou donnent l'espérance de devenir plus tard de bons beliers de vente, et de nature à confirmer la bonne réputation de l'établissement.

Cette classe épuisée, on fait des moutons du reste.

Tous ces beliers reçoivent une marque au feu sur la corne, qui devient le cachet de l'établissement : ils reçoivent aussi un numéro qui distingue la propriété ; en sorte que c'est encore affaire terminée pour la vie, et qui sauve toute confusion.

Quant aux beliers sans cornes, ils se désignent par un coup d'emporte-pièce aux oreilles ; et chaque troupeau a sa marque particulière. Enfin, pour compléter les mesures de prévoyance à l'égard des

C

beliers que je réserve pour ma lutte personnelle , j'ai institué , à dater de cette année , une dernière et souveraine inspection sous le rapport de la qualité des laines : celle-ci se passe en ma présence , et est faite par nos lumières réunies à celles de mes deux chefs d'atelier de lavoir auxquels on présente la lutte entière toujours plus nombreuse qu'il ne faut, dans laquelle ils épluchent , en dernier ressort , les animaux moins parfaits sous le rapport des laines , sans pour cela que nous les leur cédions si leurs formes sont décisives.

Du reste , toutes les opérations particulières à chaque troupeau sont inscrites sur les registres de ferme , comme reportées à celui matricule ; en sorte qu'on ne peut jamais s'égarer qu'il ne soit là pour indiquer la source d'une erreur.

Quant aux beliers de vente (dont au surplus on pourrait à-peu-près se passer , tant est nulle l'ardeur actuelle de l'agriculture) , ils se composent , la lutte prélevée :

1.° Des beliers de réserve de l'année précédente , non employés dans la lutte actuelle ;

2.° Du choix dans les beliers antenais (*lutte prélevée*).

Et certes il serait bien malheureux qu'avec des précautions aussi soignées , prises sur des masses aussi nombreuses , je ne pusse pas fournir aux améliorations, des animaux dignes de confiance, qui ne tarderaient pas à être recherchés si les temps étaient meilleurs. Mais, pour en revenir au mécanisme de mon administration , chose pour moi bien plus importante , et dont je m'occupe uniquement, je dirai, qu'après l'inspection du croît de l'année précédente qui , s'étant succédée d'année en année, a classé d'avance tous les animaux , suit la visite générale d'âge et de santé. Celle-ci n'a plus aucun rapport aux laines ; on ne s'y occupe que des animaux usés et menaçant ruine. Ce sont les bergers experts qui les désignent par troupeaux ; ils sont classés pour boucherie. D'autres, telles que jeunes brebis ayant éprouvé des accidens de mamelle ou autres qui leur empêchent de pouvoir désormais produire ou allaiter, sont indiquées pour faire nombre dans les troupeaux de bécardes sans nourrir, et deviennent de simples brebis porte-laine qui compensent (par la quantité qu'elles en rendent) le déficit des toisons moins fortes qui ne suffiraient pas à acquitter le prix de leur pension.

On examine dans cette même inspection la manière dont ont tourné les moutons d'élève destinés à la vente de l'année, et on en fait deux classes.

La première comprend les moutons d'âge marquant quatre et six dents, mais fort peu de ces derniers ; et aussi tous les moutons antenais qui, ayant très-bien tourné, sont de force acquise propre aux premières ventes.

La seconde ne consiste uniquement que dans les moutons antenais qui, au mois de mai, n'auraient point encore pris un croît suffisant pour vente certaine dans l'année, mais qui, ayant quatre mois devant eux, peuvent être très-bons pour celle d'automne.

Dans ces inspections on examine et marque encore provisoirement les jeunes brebis de force à entrer en ménage dans l'année, et celles plus faibles destinées à attendre : enfin, on acquiert un aperçu à-peu-près positif, qui sert de base pour arrêter le nombre des nouveaux troupeaux qu'on pourra former.

En outre des remplacemens provisoirement acquittés, on se réserve aussi une certaine marge, pour ne pas s'exposer à faire de fausses promesses; et c'est de ce travail que dépendent les engagemens positifs qui

C 2

se prennent au mois de juin , ou courant de juillet, avec les fermiers entrans , que l'on prévient de se tenir prêts à recevoir le jour Saint-Michel tant et telle espèce d'animaux , que l'on détermine d'après la nature du sol , les ressources qu'il présente et les alimens préparés. On néglige le moins possible tout ce qui appartient à la prudence , et c'est même souvent un moyen certain d'éviter aux fermiers en-trans bien des fautes que l'inexpérience pourrait leur faire commettre.

Le temps qui doit encore s'écouler du mois de mai à l'automne amène toujours des changemens ; mais j'observe qu'au moyen de la marge réservée sur l'étendue des promesses , il reste toujours quelques supplémens disponibles dont on forme un troupeau de plus , s'il y a lieu , ou dont on extrait la matière à quelques faveurs dans l'occasion.

J'observerai en passant à messieurs les cultivateurs fondés en pratique , que la nature de cette adminis-tration , prise en grand , offre , pour l'amélioration des races , des facilités incalculables qu'*elle seule* peut présenter : en ceci , que pouvant former des troupeaux entiers de toutes natures , et même gradués dans leur nature , il n'y a que par de nombreux milliers d'animaux que l'on puisse, *sans frais ,* se procurer de tels avantages , comme choisir les loca-lités et les personnes qui y conviennent le mieux , puisque dans le faisant-valoir personnel , fût-il de deux mille animaux (ce qui serait déjà nombreux), on ne pourrait exécuter ces minutieuses recherches qu'à prix d'argent , et ayant souvent un berger tout entier à payer , contre le quart d'un troupeau à lui fournir.

J'ai dit plus haut que je vendais toujours *mes plus forts* moutons antenais, et je prie Votre Majesté de daigner croire , ainsi que les agriculteurs qui pour-

raient en douter , que ceci n'est pas un simple propos , ni même une amorce que je chercherais à accréditer ; mais la vérité toute entière , à laquelle
d'ailleurs il n'y a pas grand mérite , puisque tous
mes intérêts y sont attachés.

D'abord , cela n'empêche pas que mes troupeaux
de moutons de réserve ne soient également bons en
leur espèce , et que je n'en aie même de magni-
fiques , car ils se composent ainsi qu'il suit :

Ceux de la plus forte branche sont des beliers de
vente, ou de réserve, qui, n'ayant pu se vendre quand
ils avaient six dents faites , sont convertis en moutons ; et certes , il serait difficile d'en rencontrer de
meilleurs.

Ceux de seconde classe ont moins de branche ,
il est vrai ; mais leur finesse est la même que
celle de ceux que j'ai vendus ; en sorte qu'à
quelques minuties près , leur toison pèse autant que
d'autres , et qu'étant réunis par troupeaux *de même
force* , ils n'en ont pas moins bonne façon dans la
plaine.

Ainsi je me fais une excellente réputation à très-
bon marché , et cette réputation est beaucoup plus
lucrative que les tristes petits profits que l'on pourrait trouver dans quelques onces de laine en suint ,
ou quelques livres de plus dans le poids de l'animal.

Il en résulte que *toutes* mes ventes de moutons
se font de *confiance* , que jamais je n'en ai laissé
choisir *un seul* , et que c'est sur une simple lettre ,
écrite souvent par un cultivateur distant de moi de
quarante ou cinquante lieues , que toutes mes ventes
de moutons se trouvent épuisées , sans qu'il m'en ait
jamais été refusé un seul ; ce qu'au surplus j'auto-
rise encore tant qu'on veut , parce que je suis sûr
de n'avoir rien envoyé qui ne fût bon. Et attendu,
d'un autre côté , que j'apporte les soins les plus

attentifs à ce que mes moutons d'élèves et autres habitent les petites terres, qu'ils ne mettent pas le pied dans les prairies, et qu'ils soient nourris de substances saines qui leur donnent un grand fonds de vigueur, il arrive toujours que, quand ils passent sur un sol plus gras, ils poussent un nouveau jet qui ravit leurs acquéreurs et me vaut des pratiques, en même temps qu'il me satisfait et fame avantageusement ma conduite.

Vient enfin la tonte, touchant laquelle la possession d'un lavoir particulier m'a fait reconnaître la nécessité de beaucoup de soins dont j'étais loin de me douter, et sur lesquels je crois devoir m'étendre, parce qu'ils pourront servir de renseignemens à ceux qui voudront m'imiter.

Le premier de ces soins n'a pas encore été mis en pratique, mais il est ordonné pour les années futures : ce sera celui de me composer des ateliers de tondeurs choisis parmi les meilleurs, qui, arrêtés pour toute la saison, tonderont d'abord beaucoup mieux que ceux qui constituent eux-mêmes leur société ; et ces tondeurs n'étant alloués par moi, que sous la condition *de ne pouvoir tondre pour aucun autre propriétaire*, seront toujours à mes ordres, tandis que je me trouvais souvent exposé à dépendre d'eux.

Ensuite, comme il est de principe certain que toute laine tondue mouillée s'échauffe au tas, jaunit, perd plus ou moins de ses qualités, il faut que les bergeries se tiennent sur leurs gardes plusieurs jours avant la tonte : or, quand je n'avais pas de tondeurs attitrés, c'étaient eux bien plus que moi qui ajournaient, d'après leurs arrangemens et leurs amitiés particulières à l'égard des fermiers ; j'en étais souvent victime : c'étaient des messages à n'en plus finir, des négociations perpétuelles, une incertitude qui influait sur la vigilance des bergers, et, survenait-il un orage, le berger surpris, s'excusait sur l'incertitude.

Au lieu de ce flottement qui dégénère en désordre réel dans un grand établissement, j'ai ordonné qu'on me composât des sociétés de tondeurs, qui, toujours à mes ordres, auront leur itinéraire tracé pour toute la campagne ; alors toutes les bergeries, averties long-temps d'avance, se tiendront sur leurs gardes. Le berger en faute sera amendé ; et ce berger, qui saura que tel quantième du mois sera son tour, aura, ainsi que le fermier, le soin de réserver auprès de sa maison une *pâture de tonte*, suffisante pour trois ou quatre jours ; en sorte qu'il ne sortira pas si le temps est mauvais, s'écartera peu s'il est douteux, et ne sera plus excusable si son troupeau est mouillé, par conséquent *amendé* en bonne justice. Tous s'en trouveront mieux, et notamment les fermiers que cette inquiétude du temps tourmente plus ou moins.

Il résultera aussi de ce nouvel arrangement, des conséquences majeures touchant la blancheur et la qualité uniforme de mes laines, et même sur ce qu'on nomme le *bas-fin* en fabrique ; et c'est encore ce qui mérite explication.

Il faut d'abord savoir que le croît entier de l'année précédente, telle finesse qu'ait sa laine, présente toujours un défaut : c'est celui d'une pousse tellement vigoureuse que la mèche trop longue paraît moins fine en blanc qu'elle ne l'est réellement, et retombe dans le défaut des laines d'Espagne qui ont trop de corps. La seule manière de la rectifier est d'abord de tondre les agneaux plus tard, et le croît de l'année précédente plutôt.

J'ai donc déterminé, après expériences faites :

1.º Que mes agneaux ne seraient tondus qu'à commencer du 15 juillet ;   C 4

2.° Que la tonte des antenais et antenaises (croît de l'année précédente) commencerait le 15 mai.

Par ce moyen, j'obtiendrai d'abord un agnelin infiniment plus recherché ; ensuite que la laine des antenais n'ayant que dix mois de pousse et le suint peu monté, deviendra du *bas-fin* superbe et d'une blancheur éblouissante, tenant par son moelleux des laines de Saxe, au lieu du mince défaut contraire qu'on pouvait leur reprocher.

Je regagnerai sur l'agnelin à-peu-près ce que je perdrai sur la toison ; et peut-être même le *bas-fin* qu'elle rendra au lavoir compensera-t-il au moins le poids résultant d'un peu plus de longueur de mèche.

Le reste de la tonte aura, selon l'usage, la pousse entière de l'année ; et, grâces à ce lavoir qui m'a démontré tant de faits que j'ignorais, et qui me dispense de courir après le suint pour obtenir du poids, j'éviterai tous les inconvéniens qu'a son influence sur la qualité des laines.

Or, le suint exagéré produit ceci, que la laine passée au lavoir tire au jaune et qu'il brûle le bout de la mèche, ce qui fait souvent descendre de plusieurs qualités telle ou telle portion de la toison ; c'est-à-dire que la prime devient seconde, que partie de la seconde devient troisième ou jaune fin, et que le même poids en blanc rend un tiers de moins en valeur intrinsèque réduite en écus.

Je commencerai donc ma tonte par celle du croît entier de la récolte précédente, que suivra celle des vieux moutons et beliers d'âge, et je terminerai par les troupeaux de brebis, qu'il faut réserver pour les dernières en raison de leur lait, et aussi de ce que la substance animale qu'elles perdent par l'effet de la nourriture, produit ceci, qu'elles ont toujours une dépouille plus basse, plus fine et plus recherchée.

Ce lavoir, qui dit tant de choses, m'a aussi découvert des soins bien innocens , d'où résultent cependant de grandes économies, et , par exemple, qu'il y avait un tiers de profit (si ce n'est plus) sur les frais de trayage , à avoir à la suite de la tonte un berger ployeur , et des tondeurs qui , accoutumés à cette méthode , font que , quand la toison arrive sur la claie et qu'elle y est ouverte , toutes ses parties se trouvant constamment à la même place , elle est coupée à l'instant même, et les qualités rangées sans incertitude ainsi qu'il convient ; comme il y a aussi grande économie à ne rien enfermer dans le corps de la toison de toutes les extrémités qui s'en détachent, et que ceux qui vendent en suint sont obligés d'y placer pour former leur poids légitime, tandis que le propriétaire lavant chez lui , gagne beaucoup de temps à réunir dans des sacs, et à en faire l'objet d'un travail particulier qui se trouve en quelque sorte tout classé.

Enfin j'ai appris qu'il y avait encore , et au moins, un tiers de frais économisés , à avoir , à la suite des tondeurs occupés des agneaux , de petits garçons qui , pendant qu'on les tond, séparent les extrémités du corps de la toison qui se trouve ainsi et tout naturellement aux trois quarts trayée , ce qui ajoute de grandes qualités à l'agnelin en sauvant beaucoup de main-d'œuvre.

Mais quittant un instant ce lavoir, auquel je reviendrai un peu plus loin pour en faire connaître toutes les conséquences , et poursuivant la narration de mon administration intérieure, je dirai:

Que peu de temps après la tonte générale, mais avant celle des agneaux (c'est-à-dire du 12 au 15 juillet) , j'envoie mes bergers experts choisir les agneaux pour élèves beliers. Ils ont sur cela un premier guide dans quelques marques particulières faites les premiers jours de leur naissance , qui leur disent que tel agneau est arrivé au monde bien pur dans son lainage , bien ratiné , et sans le moindre vestige de taches. Ils ont ensuite leurs yeux , puis leur expérience de quinze et vingt ans dans les mêmes troupeaux. Il est bien rare qu'ils s'y trompent : et d'ailleurs ils marquent provisoirement plus d'agneaux élèves pour beliers qu'on n'en veut définitivement réserver ; en sorte qu'à la Saint - Michel , et après l'effet de la glane , on se fixe définitivement sur les meilleurs , et on coupe alors ceux qu'on a réservés de supplément.

Mais j'ai oublié de dire que vers la Saint-Jean mes agneaux sont sevrés , qu'on les sépare de leurs mères , qu'on en fait des troupeaux à part , et que les fermiers voisins s'arrangent entre eux de telle sorte que , de deux années l'une , celui-ci a tous les mâles , et l'année d'après toutes les femelles.

Quant à la formation des nouveaux troupeaux et à l'emménagement des brebis dont on s'occupe dans le commencement d'août , voici nos principes :

Tout troupeau de brebis déjà constitué , tel parfait qu'il soit , n'eût-il pas perdu une seule bête dans l'année , et ne pût-on y en trouver une qui ne fût de première qualité , n'en est pas moins obligé de se réformer du quart au cinquième , pour recevoir en échange pareil nombre de bécardes ou d'antenaises qui ont été marquées d'avance comme propres à la lutte.

Je laisse le soin de cette réforme à la volonté absolue du berger ; car je n'ai pas à craindre qu'il garde de mauvais lainages , puisque mes précédentes opérations les ont expulsés ; et je ne peux pas douter non plus qu'il ne conserve les meilleures brebis , quand il y a tant d'intérêts personnels : or , cette petite déférence lui plaît ; elle l'attache à son troupeau dont il se croit créateur, comme elle me garantit aussi de ses excuses, si j'avais choisi moi-même.

Du moment qu'un troupeau de brebis est parvenu, par sa beauté, à prendre rang en première classe, il participe à ses priviléges.

Ces priviléges consistent à partager, en raison proportionnelle de sa force, dans les bêtes de remplacement de premier choix ; et, pour éviter encore toutes plaintes, toutes idées de préférence, comme pour mettre ces bergers en rivalité d'émulation, voici la manière dont se fait cette distribution.

Y a-t-il, je suppose, deux troupeaux de brebis de choix se composant chacun de 130 brebis, et deux autres de 110, et faut-il deux lots de 30 et deux de 20 pour remplacement ? je charge les bergers intéressés de faire les lots eux-mêmes, de les égaliser de leur mieux ; puis, quand ils sont enfin d'accord et qu'ils *l'ont dit*, je les leur fais tirer au sort, en sorte que j'élague d'avance tous les prétextes dont on chercherait, l'année suivante, à couvrir le défaut de soins ; ce qui devient impossible ; quand ils ont *fait* et *reconnu* toutes choses égales.

Je ne transige jamais sur le principe de réforme du quart au cinquième, c'est une loi fondamentale d'où découlent toutes mes améliorations ; si j'écoutais tous les sentimens des bergers, leurs douleurs moutonnières qui se réduisent à ceci, que des brebis faites nourrissent mieux, mes troupeaux vieilliraient à-la-fois ; au lieu que, procédant ainsi, je n'ai pas dans mes troupeaux faits de brebis plus âgées que de 7 à 8 ans, parce que celles plus vieilles descendent, ainsi qu'on va le voir, dans ceux de création nouvelle.

L'opération terminée , je me saisis de ces prétendues réformes qui sont excellentes , puisqu'on en a d'abord défalqué et extrait les brebis de boucherie , puis je passe à l'organisation des troupeaux de deuxième classe.

Ces troupeaux , comme les premiers , ont reçu l'ordre de faire eux-mêmes leur réforme du quart au cinquième : mais il y a ici d'autres priviléges , et ce sont ceux de l'ancienneté qui s'exercent différemment. C'est le plus ancien qui choisit sur l'ensemble de la jeunesse comme des brebis d'âge de remplacement , pourvu qu'il ne prenne qu'un petit nombre de ces dernières , et , continuant à procéder dans chaque troupeau de seconde classe par rang d'ancienneté , on achève leur remplacement.

Le but de cette administration est de faire graduellement monter les troupeaux de seconde classe en première , et , par cette méthode , on multiplie rapidement le nombre des troupeaux de tête.

Viennent enfin les troupeaux de troisième classe, qui se composent de deux espèces , savoir :

Troupeaux fondés l'année précédente ;

Troupeaux de prochaine création.

La réforme des troupeaux fondés l'année précédente n'est pas limitée ; le privilége unique des bergers qui les conduisent est de l'étendre plus ou moins ; mais c'est moi seul ou mon administration qui fait leurs lots et qui les désigne selon leurs besoins : car , dans tel troupeau de l'année précédente où il se serait glissé, par circonstance, plus de jeunesse qu'il n'aurait fallu , un certain nombre de brebis d'âge s'y trouvera très-bien placé pour lui donner plus de nature ou plus de taille ; et dans tel autre qui aura été formé le dernier et par toutes *les fins de compte ,* plus de jeunesse y est nécessaire.

Or, ce sont ces défauts que l'on rectifie, la seconde année, avec une attention scrupuleuse, afin de rétablir les niveaux ; de telle sorte que ces troupeaux passent immédiatement à la seconde classe, dans laquelle ils viennent prendre rang, à la suite de ceux qui ont été antérieurement créés.

Touchant les troupeaux création de l'année, ils se composent :

1.º D'une certaine masse d'excellentes brebis, *réforme obligée* des troupeaux de première et seconde classe très-anciennement constitués, et cette base est solide ;

2.º Des antenaises et bécardes dont il n'a point encore été disposé, et qui ont été précédemment jugées de force à y passer ;

3.º De tout ce qu'on peut enfin éplucher de meilleur dans ce qui reste ; observant cependant de n'y rien prendre qui ne soit franchement en état de jeter encore un bon agneau, car il y aurait folie à payer 20 francs de pension d'une vieille brebis hors d'état de produire.

Ce sont les bergers-chefs, sous la direction de l'inspecteur général, qui, sans l'intervention d'aucuns fermiers entrans, composent ces troupeaux avec une équité qui fait partie de mon propre intérêt ; on les leur délivre tels qu'on a cru devoir les former, et c'est leur année de noviciat par laquelle chacun passe à son tour. Ils en sont prévenus d'avance ; ils savent qu'ils auront plus de soins à prendre comme plus d'avoine à donner : mais c'est une règle établie, contre laquelle nul ne peut réclamer, puisque tous ont payé le même billet à la porte de l'établissement, où l'on n'entre que sous cette condition.

TROUPEAUX de moutons d'âge ; croît de l'année courante et d'antenaises trop faibles, réservées pour ne produire qu'à trente mois, dites bécardes sans nourrir.

Ils se composent, ainsi que je l'ai indiqué, en réunissant ensemble les animaux de même nature, et, autant que possible, de même force ; en sorte que, toutes choses bien mises à leur place, nulle ne fait tort à l'autre, nulle ne demande de soins différens, et que chacune d'elles prospère en son espèce, si le fermier en prend réellement le soin auquel il s'est obligé.

Mais je demande mille fois pardon à Votre Majesté de ces fastidieux détails, la suppliant de remarquer, pour mon excuse, que dans ma position, comme dans le but de ce rapport, il fallait exposer devant son agriculture tous les rouages qui composent l'ensemble de mon mécanisme, et, qui plus est, prouver que ce mécanisme, bien loin de se refuser aux soins de détail les plus recherchés, s'y prêtait au contraire avec une facilité merveilleuse, qui devient toujours plus étendue à mesure que les nombres s'augmentent ; en sorte qu'il est aujourd'hui complètement démontré pour moi que, mis en pratique, c'est, de tous les moyens d'administration, le seul infaillible pour atteindre comme amélioration au plus haut degré de perfection que puisse atteindre l'agriculture ; et qu'en conséquence, si les résultats déjà acquis confirment mes assertions, il m'est peut-être enfin permis de résumer, avec une sorte d'autorité, les principes généraux qui furent mes bases, et ceux de conduite que j'en ai tirés.

EN PRINCIPES GÉNÉRAUX.

1.º La France a intérêt à se libérer d'un tribut onéreux.

2.º Elle ne peut acquitter celui des laines que par la conservation et l'amélioration des races.

3.º Les laines françaises perfectionnées sont devenues supérieures à celles d'Espagne.

4.º Les petits troupeaux de pure race découragés se fondent journellement ; ils vont grossir le métisage, sans en faire un gage de sécurité, et les lois qui nous gouvernent touchant l'hérédité, n'en font plus dans l'Etat que des rentes viagères mal hypothéquées.

5.º Il devenait donc indispensable d'imaginer d'autres mesures tendant à la conservation de la chose publique.

Or, partant de ces principes, je me suis dit :

Que d'abord, pour que des constructions devinssent solides, elles devaient reposer sur des bases bien assises, et que les valeurs de mode ou de première ferveur étaient un sol trop mouvant pour pouvoir y bâtir ;

Qu'ensuite, et toutes les fois qu'on formait un projet, on devait éviter toutes ses séductions, caver les dépenses au plus fort, réduire les produits au plus faible ;

Qu'ainsi, je ne devais évaluer les moutons de pure race que sous les seuls points de vue de leur valeur éternelle ;

Que cette valeur éternelle consistait uniquement en deux choses, leur toison, et leur personne envisagée comme objet de consommation ;

Que leur personne aurait toujours une valeur supérieure à celle des moutons indigènes, par cette raison qu'indépendamment du prix de boucherie, elles avaient une valeur commerciale différente résultant du prix de leur dépouille ; et qu'attendu qu'une pièce de terre qui produit 100 francs l'acre, vaut essentiellement plus d'argent que celle qui n'en rapporte que 20, un mouton de pure race, dont la dépouille rend à-peu-près 20 francs, serait toujours plus recherché que celui dont la toison n'en fait rentrer que 4 ou 5.

J'ai ensuite examiné ce que ce mouton indigène pouvait produire de revenu net au fermier, et j'ai trouvé que dans le pays que j'habite, c'était de 8 à 10 francs.

J'en ai conclu qu'il était impossible que les mérinos fussent moins heureux, quand leur dépouille était si supérieure; et, sans pousser plus loin mes prétentions (quand, pour un projet durable, il ne faut chercher que le plus certain), j'ai tiré de ceci la nouvelle conséquence, que, quand on avait une partie fort essentielle de sa fortune réduite en moutons, et dont la valeur personnelle primitive était considérablement diminuée, la seule réparation raisonnable à laquelle on pût prétendre, était dans l'augmentation de leur nombre, attendu que de petites valeurs, multipliées par de grandes quantités, pouvaient produire les mêmes sommes que de grandes valeurs multipliées par de plus petits nombres.

Je dus ensuite vérifier si je pouvais établir ma doctrine en la faisant goûter aux fermiers; pour cela, je basai mes calculs sur leurs intérêts, trouvant qu'il n'y avait d'autre moyen de les captiver que celui d'assurer les leurs avant même que de songer aux miens, me disant, relativement à eux:

Ils ne peuvent cultiver sans moutons, quelle que soit leur nature; ainsi ils auront toujours des mérinos
ou

ou des bêtes de pays : or, pour qu'ils préfèrent les mérinos, il suffit qu'ils leur procurent plus d'avantages.

J'ai donc tout calculé, et j'ai trouvé qu'indépendamment des facilités sans nombre que mon système financier apporterait dans leurs affaires (années communes et les espèces prises l'une dans l'autre, comme en me tenant loyalement les conditions que j'en exige), les fermiers trouvaient avec moi un avantage certain de trois à quatre francs par tête d'animal, au-delà de ce que pouvaient leur produire des bêtes de pays ; d'après quoi ma raison a décidé que si je pouvais les leur accorder sans me compromettre, parce que la supérieure qualité de mes laines me fournirait les moyens de continuer à les leur payer, ce ne seraient jamais les fermiers qui abandonneraient la partie.

Assuré d'eux, et que mon mécanisme pouvait non-seulement s'appliquer à *dix mille bêtes*, mais encore à les *quadrupler* si je les possédais, et qu'on pourra étendre ma pile autant qu'on voudra, parce que ce sera toujours une seule et même roue qui, communiquant son mouvement à tous les engrenages, fournira autant de places à les poser, que la nature nous offre d'emplacemens sains, propres à y entretenir de bons moutons, je me suis reconnu la latitude nécessaire à l'exécution d'un grand projet.

Ces bases acquises, je me suis particulièrement appliqué à vérifier si ce genre d'administration tendait essentiellement à l'amélioration des races, et si, par elle, le produit des laines couvrirait toutes les dépenses réunies, de telle sorte, qu'il me restât infailliblement pour revenu *net certain* ce que le croît futur de chaque année précédente laissera de disponible, après toutefois les remplacemens annuels complètement effectués.

D

Certain de toutes ces données, dont je fournirai plus tard une démonstration complète, qui serait aujourd'hui trop précoce, puisque les preuves n'en pourraient émaner que de mes seules déclarations, j'ai jugé qu'il était préférable d'attendre que des autorités ayant été officiellement commises à l'effet d'examiner à fond toutes les branches de mon industrie, elles en aient étudié, vérifié et approuvé les calculs, ce qui me donnerait alors le droit d'en conclure avec autorité, que puisqu'il est possible de créer une pile, de la loger et de la gouverner, comme d'en payer l'entière dépense par le seul produit des laines, je devais nécessairement réussir; et je peux maintenant examiner si, pour la garantie de ces bases, il faut indispensablement y adjoindre un lavoir particulier.

Or, ceci est une question tellement importante, elle s'applique à tant d'intérêts, qu'il me paraît nécessaire de l'approfondir d'une manière toute particulière. Entrons donc en matière.

Et d'abord, je conviendrai que cette détermination, prise dans son principe, ne fut de ma part qu'un simple calcul d'économie, sans que j'eusse à beaucoup près prévu que ce lavoir deviendrait la pierre angulaire de mon édifice, comme le principe de toutes les sûretés financières et des améliorations administratives sous le rapport des races ; mais plusieurs ayant élevé des doutes sur ses succès; d'autres, plus clairvoyans, pouvant avoir eu leurs raisons particulières de m'en détourner ; je vais parler à la sagesse des uns, essayer d'en démontrer les conséquences à l'agriculture, et soumettre à Votre Majesté les avantages généraux qui me paraîtraient devoir résulter de quelques piles françaises légitimement accréditées, qui toutes y joindraient un lavoir.

Or, débutant par m'adresser à la sagesse, je lui expose que le lavage des laines étant devenu une profession opulente, à laquelle le plus haut commerce prend part, c'est donc une spéculation qui offre des avantages, puisqu'elle se poursuit, et que, si elle en procure encore au tiers industrieux qui doit débuter par y faire tant de sacrifices, à plus forte raison doit-elle en produire au propriétaire qui n'y est point soumis, non plus qu'aux chances de la mauvaise foi; car le propriétaire intelligent convertira d'abord en produits nets les économies intérieures auxquelles le laveur de profession ne saurait prétendre, et dont suit la nomenclature.

Ce laveur de profession est tenu à d'importans loyers, à des voyages continuels pour assurer ses débouchés, à des agens toujours en campagne pour chercher des marchés et étudier les bergeries, à des frais plus ou moins onéreux pour faire arriver les laines en suint jusqu'à son lavoir, à des bureaux permanens pour tenir ses livres de commerce et sa volumineuse correspondance; à solder plus chèrement ses ouvriers, parce qu'il doit habiter le centre du commerce où s'élèvent les concurrences; puis enfin à la mise en dehors de capitaux très-importans pour achat des matières premières, soumises elles-mêmes à toutes les chances du cours; toutes et lesquelles non-valeurs, ainsi que les intérêts qui dérivent des avances, doivent avant tout se prélever sur les bénéfices de sa profession; tandis que le propriétaire d'une pile, étant établi dans son domicile, est dispensé de ces loyers, sa récolte se trouve transportée, sans frais, au centre de son atelier, ainsi que le prouve mon contrat avec les fermiers. Il est exempt de tous voyages pour chercher des marchandises qui, pour lui, ne sont autres que sa récolte; il paie sa main-d'œuvre moins cher, parce que ses ouvriers, pris chez lui, sont la population de son village, auquel il fait du bien, et dont il ne peut jamais dépendre, puisqu'il est à couvert de toute concurrence.

Il n'a ni bureaux, ni registres de commerce, ni correspondance considérable à tenir, tout se réduit pour lui à son compte de vente, à une facture journalière d'entrée et sortie durant son lavage; il compte ses bottes de laine au lieu de compter ses bottes de foin : c'est l'ordre qu'il établit dans son grenier; il est à couvert des fraudes qui font peser les laines; il n'est astreint à aucune mise de fonds en dehors, ni par conséquent aux intérêts qui en dérivent; il n'a que sa main-d'œuvre à payer comme le laveur, encore est-elle moins chère; et s'il arrive enfin que le cours devienne désavantageux, ce n'est qu'un manque à gagner sur sa récolte; mais il ne s'ensuit pas, comme pour le laveur de profession, des obligations commerciales en circulation qu'il faut acquitter à dates précises; enfin il ne fait que souffrir cette année-là, quand le laveur par état peut être ruiné dans le cours d'une seule campagne.

J'ai donc conclu de ces rapprochemens, que je pouvais, sans imprudence, essayer du lavage, tout en devinant qu'il faudrait en payer les leçons par des fautes dont le temps et l'expérience finiraient par me corriger.

Au surplus, et je me hâte de m'en expliquer, ce n'est point à beaucoup près que je donne ici aux propriétaires de troupeaux peu nombreux, non plus qu'à ceux de classes inférieures en laines, le mauvais conseil de m'imiter; je leur déclare, au contraire, très-ouvertement, que pour réussir en pareille entreprise, et même n'y pas perdre considérablement, il faut d'abord posséder de nombreux troupeaux, puis, qu'ils rendent une grande quantité de prime superfine. Mes conseils s'adressent donc uniquement aux piles en projet, que je qualifierai de piles en éducation; et je préviens tous les propriétaires qui, dans leur for intérieur, n'auraient

pas la conscience complètement affermie sur le mérite de leurs laines (après en avoir pris pour juge *le
prix qu'ils en trouvent constamment en fabrique*);
je les préviens, dis-je, que mon exemple deviendrait
pour eux une dangereuse contagion. Mais après
cette nécessaire déclaration, revenant à mon fait,
comme anticipant de deux années sur l'état où j'arrive, je vais supposer ma pile de dix mille animaux
matériellement complète et *privée d'un lavoir*,
comme examiner ce qui en adviendrait.

D'abord, nul doute qu'attendu la réputation de
mes récoltes et leur volume important, il ne se pré-
sentât beaucoup d'acquéreurs, si j'étais connu pour
vendre en suint ; mais comme il existe (sur-tout
dans le commerce) une intelligence de métier qui
s'apprend vite, et qu'on ne saurait refuser aux autres
celle dont, en pareil cas, on pourrait user pour soi-
même, il est au moins probable que ces divers pré-
tendans, sans même se chercher, viendraient à découvrir leurs rivaux, qui, ne fût-ce que pour la
simple politesse de ne pas se nuire les uns aux autres,
finissant par s'aboucher, pourraient convenir,
qu'au dernier mot ma laine en suint vaut tant,
qu'en donner davantage serait d'un mauvais exemple;
que ma *partie* étant forte, on pourrait s'en arranger
sociétairement, convenir de la partager au lieu de
la surenchérir ; et que ce serait un procédé réciproque
que de déterminer un *maximum* aux offres qui me
seraient faites.

Je ne dis pas que cela adviendrait ; je dis seulement qu'à toute rigueur cela pourrait arriver, puisque
mon lot doit convenir à plus d'une fabrique : or, si
cela advenait, la morale n'en serait-elle pas un
marché bien passé de ma récolte, réduite à sa plus
mince valeur, jusqu'à la conclusion duquel il ne me
resterait plus qu'à épuiser la futile ressource des pe-

tites finesses du métier , toutes d'autant plus inutiles, que je ne traiterais réellement qu'avec un seul marchand caché sous plusieurs masques , et sous lesquels je ne trouverais à la fin qu'un seul visage ? Mais ce n'est pas tout, il s'offrirait encore de bien plus graves embarras.

Et par exemple , si la crainte de confier dans une seule main une récolte aussi importante , me faisait déclarer ne vouloir traiter que par lots , alors l'acquéreur prendrait cette déclaration pour une offense très-grave faite à sa solvabilité connue. Sa réponse certaine serait qu'il achète *tout ou rien ;* et si je m'y refusais, ce marché rompu deviendrait une affaire de corps qui me nuirait également aux yeux de tous,

Si cependant , cherchant à éviter de si graves dangers , je parlais d'argent comptant , alors la masse de mes laines , bien loin d'ajouter à mes avantages, produirait l'effet absolument contraire ; et voici ce qui en arriverait : en premier lieu , je ne pourrais plus traiter qu'avec de très-fortes maisons qui n'ont qu'un mot, parce qu'elles ont peu de rivales , et qui y tiennent , parce qu'elles n'ont pas la crainte d'être supplantées ; ou j'aurais affaire à ces coureurs de bons marchés, gens à bourses communes inépuisables , qui ne s'ouvrent jamais que pour engloutir; en un mot, aux capitalistes accapareurs qui, quand ils ont entassé toutes les matières premières, finissent par faire le cours , et n'ouvrent leurs magasins que quand tous les autres étant épuisés, la nécessité y ramène.

Mieux vaudrait donc encore me fixer aux offres des bonnes maisons , qui du moins jouent leur rôle en faisant le commerce : mais pour peu que mon hésitation eût laissé filer le temps , on me dirait au mois d'octobre que je suis venu trop tard ; qu'on aurait pu m'accorder tel prix au mois de juin , attendu que c'était alors la saison du lavage ; qu'elle est aujourd'hui passée ; que mes laines ont jauni en piles ; qu'elles s'y sont échauffées ; qu'elles ne peuvent plus entrer dans le commerce qu'à la vente du printemps ; que cette vente n'est encore qu'accessoire, parce qu'arrivant sur la nouvelle récolte, elle est soumise à des chances plus nombreuses ; que les laines pourront baisser ; qu'on a des lumières qui l'indiquent ; qu'il en est entré beaucoup venant du Nord et du Midi ; que cependant les miennes étant avantageusement connues, et ayant des qualités que personne ne conteste, on m'en offre encore tel prix, sauf la règle d'escompte qu'on me prierait d'apprendre ; et si n'était malheureusement que beaucoup de ces raisons sont assez bien fondées, on croirait prendre une leçon du code israélite ; car, *item* pour ceci, *item* pour cela, le mémoire serait imposant, et il arriverait à la fin que je serais encore forcé de concéder ma récolte à vil prix par suite des conseils que m'aurait dictés la prudence ou suggéré la peur.

Or, la revue que je viens de passer étant dans la pratique autant de vérités sévères dont l'expérience journalière confirme les leçons, et des vérités inséparables de la marche du commerce qui a ses lois dont il ne peut s'écarter, ses époques de débouchés qui déterminent ou changent légitimement la valeur intrinsèque des choses, j'en conclus qu'une *pile* ne peut pas se passer d'un lavoir, et qu'elle le peut d'autant moins, que voici la métamorphose qui s'opérera dans sa condition, aussitôt qu'après quelques années de travail elle se sera fait un nom par son importance, et sur-tout par sa droiture dans tous ses traités.

Votre Majesté n'aura pas perdu de vue que la claie d'un lavoir est, comme je l'ai dit, le tribunal impeccable qui découvre tous les défauts et juge souverainement les progrès annuels, soit en bien, soit en mal ; que par conséquent tout établissement assez important pour en avoir un, trouve en lui le Mentor éclairé de son administration journalière ; que du bon usage que le propriétaire d'une pile peut faire de ses leçons, dérive le perfectionnement des laines réduites en blanc, et sortent les économies de ménage inapplicables aux petits troupeaux ; économies qui deviennent des revenus plus ou moins importans, puisqu'elles représentent des rentes qui s'éteignent.

Que les intérêts de celui qui vend ses laines en suint sont qu'elles pèsent le plus possible, tandis que ceux du laveur qui les achète l'obligent à déduire de ses offres toutes les non-valeurs dont j'ai parlé, et même de se couvrir du savoir-faire de certains propriétaires peu délicats, qui pourraient aider à la nature pour ajouter à leur poids.

Ces faits concédés, car je doute qu'on puisse les révoquer, comparons maintenant la position d'une pile armée de son lavoir à cette pile que je viens d'en priver, et examinons-la sous le quadruple rapport,

1.º De la qualité des produits ;

2.º Des deniers dans la poche qui en sont la suite ;

3.º Des facilités comme commerce ;

4.º Et enfin des sûretés comme fortune.

D'abord, la dépouille du croît de l'année précédente étant tondue à propos, conservera le *bas-fin* de sa nature ; celle des autres troupeaux, moins chargée de suint, lavée plus rapidement, n'aura pas le bout de la mèche brûlé. Si l'un des troupeaux vient à être mouillé au moment de la tonte, il sera lavé immédiatement ; sa laine, au lieu de s'échauffer, soit en pile, soit dans les balles, et d'y prendre une couleur qui la déprise, conservera l'extrême blancheur qui lui donne du prix, et fera que, mises sur la claie, les mêmes toisons, au lieu de descendre de classe, remonteront de qualité.

Ensuite, économie de main-d'œuvre, déchets de transport évités, résidus de toute perdus pour tous les propriétaires, qui seront soigneusement réunis par le possesseur d'un lavoir; dessous de claie toujours défalqués dans les offres des acqué- reurs en suint, tandis que le lavoir d'une pile ra- masse jusqu'au dernier bourgeon de laine; et de tous ces soins ou économies de ménage, enfantées par le lavoir, sortiront d'importans deniers qui li- quident une partie des frais, sans parler de laines mieux suivies qui ajouteront à la réputation du trou- peau, et en dernier ressort, plus d'effectif en poche issu des mêmes toisons.

Comme facilité de commerce, voici d'autres faits non moins décisifs.

Une pile armée de son lavoir, et définitivement constituée, aura d'abord, à l'égard du commerce, l'inappréciable avantage sur le laveur de profession, que, ne dépendant pas du suint, elle peut com- mencer ses opérations quand elle veut, par consé- quent se donner un bon mois d'avance pour pro- poser sa récolte aux fabriques et y sonder le cours.

Il arrivera aussi que ses troupeaux, sortis de la même souche, et ayant été soumis aux mêmes soins, rendront des résultats uniformes, en sorte que sur les simples échantillons du travail de la première quinzaine, elle pourra vendre sa récolte entière sous la plus forte obligation de livrer tout pareil; tandis que le laveur, qui ignore la plupart des lots dont il finit par traiter, et qui rencontre souvent un troupeau détérioré chez le même propriétaire où il en avait acheté un très-bon trois ans plutôt, ne

peut strictement garantir que ce qui est en balle ;
en sorte qu'il ne faut à une pile bien conduite que
de parvenir à accréditer son lavage, pour mettre
tout-à-la-fois à couvert ses intérêts personnels comme
ceux des fabriques, et pour avoir vendu sa récolte
(si elle en trouve un prix suffisant), avant même
que les laveurs de profession n'aient en quelque
sorte pensé à mettre le feu à leurs chaudières: or,
je ne connais pas en fait de commerce de raison-
nemens qui puissent balancer et encore moins ré-
torquer les conséquences infinies qui sortent de
tels privilèges.

Enfin, et comme sauve-garde de fortune, il
me semble, comme je viens de le dire, que, puisqu'une pile française peut assurément parvenir à
accréditer son lavoir, elle peut aussi s'assurer les
mêmes privilèges que ceux dont jouissaient autrefois les piles espagnoles qui vendaient leurs récoltes
entières sur une simple lettre, quelquefois même
d'avance et par bail de plusieurs années, en sorte
que toute pile famée doit (son installation une fois
bien faite) pouvoir échapper à l'agiotage qui dé-
vore tout.

Alors, confiance pour cette pile de ne courir,
comme placement de ses récoltes, que les chances
de son choix ; faculté de ne créditer telle maison
faible que jusqu'à telle concurrence, ou telle autre
autant qu'elle voudra ; certitude de ne voir entrer
dans son porte-feuille que du papier *fait* facile à
placer, au lieu de valeurs *en soi-même* que des
malheurs imprévus peuvent quelquefois rendre ca-
suelles ; et en définitif, au lieu d'une existence
toujours précaire, fortune de porte-feuille hypothé-
quée sur du papier valant écus, dont encore elle
pourra souvent traiter sans y placer son nom, sous
le simple escompte de droit.

Ainsi, et sous quelque point de vue que je me sois appliqué à approfondir cette importante question (à mon avis la plus décisive), j'ai admis par ma conduite, et je pose en principe, avec expérience, qu'une pile ne peut et ne pourra jamais subsister sans lavoir.

Maintenant, quelles sont les conditions indispensables pour pouvoir sagement penser à en fonder une ?

La première de toutes est de posséder un fonds de troupeaux déjà assez considérable, jouissant en fabrique d'une considération établie, justifiée par les prix constans qu'on lui accorde, et réputé de première origine.

Qu'il faut ensuite se résigner à de longues privations, assiduité au travail, persévérance à toute épreuve, ne jamais perdre de vue qu'on ne peut s'établir valablement dans la confiance publique que par *la cumulation successive de ses propres récoltes* ; car si une pile était formée de toutes pièces, fussent-elles des mieux choisies, elle ne serait jamais dans l'opinion qu'un mélange douteux, d'où sortirait contre elle origine contestée, et par conséquent garantie insuffisante dans l'opinion.

Il faut également que les intérêts particuliers de l'agriculture locale s'accordent avec ceux de la pile, et que les fermiers de sa contrée puissent difficilement remplacer les avantages qu'elle peut leur offrir.

Ainsi, de fertiles contrées, l'approche des trop grandes villes, les quartiers où le sol appelle et couronne tous les genres d'industrie, les pays dits de petite culture, n'y conviendront pas, parce que les fermiers trop opulens placeront dans les uns leur dignité à n'opérer que pour eux-mêmes, ou qu'ils élèveront peu à peu des prétentions que la pile ne pourra concéder ; et que dans ceux de pe-

(60)

tite culture, de grands troupeaux ne sauraient habiter.

Ce sont les terres moyennes et sèches qu'il importe de chercher, pour que tout ce qui en sortira réussisse bien ailleurs ; éviter les pays humides qui pourriraient les moutons, les terres froides qui leur déplaisent, les cantons trop maigres où ils s'appauvriraient de taille, de nature et de formes ; chercher des plaines étendues où il se rencontre peu de prairies fangeuses ; éviter le bas des côtes dont les bases seraient jonchées de sourcins ; les herbages par-dessus tout, parce que tout ce qui en sort fait mal ailleurs, et qu'ils ne conviennent que durant quelques mois aux moutons qu'on engraisse pour boucherie ; s'assurer en masse beaucoup d'espace ; puis se bien pénétrer que c'est une très-longue et difficile affaire que celle de déranger les habitudes agricoles ; qu'il n'y a que le temps qui y parvienne, et qu'il faut y apporter tous les soins de l'étude, comme y joindre de nombreuses années.

Mais cependant la chose est possible, quand le moment est si proche où je la dirai faite ; et, pour compléter cet exposé, il ne me reste plus qu'à soumettre à Votre Majesté des projets qui, bien qu'inséparables de mes vues d'utilité publique, et faisant même partie inhérente de mon plan, exigent cependant encore de mûres réflexions, comme aussi des consentemens que le temps et sur-tout des succès effectifs *pourront seuls conseiller.*

PROJETS TENDANT A RENDRE UNE
PILE HÉRÉDITAIRE.

Du premier moment, Sire, où je conçus mon projet, échauffé par ces sentimens paternels qui nous font survivre à nous-mêmes dans le bonheur de ceux appelés à nous succéder, comme aussi deviner tous leurs besoins ; électrisé par cet amour de patrie qui nous identifie à tous ses genres de succès ; saisi de cette noble jalousie de nation qui conteste aux autres leurs genres de supériorité en travaillant à les conquérir, je sentis que je ne suffirais à l'ambition de mes vœux que si, parvenant à fonder un vrai patrimoine, j'y assurais à mes enfans une honorable existence, qui pût les faire bénir ainsi que ma mémoire, en versant le bonheur autour d'eux ; et sur-tout si cette immense ambition pouvait être légitimée par les avantages qu'elle procurerait à l'État.

Je m'appliquai, en conséquence, à réduire tout en principes.

Je me comprenais fort bien moi-même ; mais personne ne m'entendait.

Je me sentais plutôt que je ne pouvais m'expliquer ; il me fallait des preuves faites pour être écouté.

Aujourd'hui j'ai la certitude que mon administration est bonne, et qu'elle peut marcher ;

Qu'elle tend merveilleusement à l'amélioration des races ;

Que les ouvriers collaborateurs ne peuvent plus me manquer ;

Que l'universalité des dépenses sera couverte par le produit des tontes ;

Qu'il restera par conséquent toujours à une pile,

pour produit net, la valeur intrinsèque du croît de l'année précédente, *après remplacement fait* ;

Que bien que, dans ma pensée, ce calcul soit au fond trop modeste, il vaut mieux m'y tenir, parce qu'en rendant cette pile impeccable et modeste jusques dans ses promesses, c'est assurer d'autant mieux l'intérêt de sa conservation.

Ainsi mes matériaux sont prêts, il ne reste plus qu'à les assembler : je suis le mécanicien qui, après avoir combiné tous les rouages, n'a plus qu'à les monter et à leur appliquer le grand ressort, pour jouir de la satisfaction d'entendre sonner sa machine.

Ce grand ressort, Sire, c'est *l'hérédité indivisible* ; mais comme il faut qu'elle concorde avec les lois de l'Etat, sans quoi ce ne serait qu'une œuvre morte avant que d'avoir vu le jour, voici la manière dont j'ai conçu mon plan.

J'ai dit : Je possède la majorité des troupeaux ;

Deux de nos enfans sont déjà copropriétaires dans ma pile ;

Un troisième peut aussi le devenir ;

Et tous trois sont, d'après les lois qui nous gouvernent, appelés à recueillir le tiers de votre héritage.

Ces propriétés, maintenant indivises au coup d'œil, et ne formant même qu'un tout comme masse politique, se trouvant néanmoins différentes dans leurs droits fonciers, comme elles le sont par leurs marques et par leurs produits en numéraire, perdraient infiniment de leur force, si elles venaient à rompre leur unité.

Or, anticipant un peu sur les époques (ce qui doit m'être permis, quand il n'y a plus que la force majeure qui puisse m'empêcher d'atteindre à la fin), et après avoir calculé les résultats infaillibles de l'union, comme ceux qu'entraînerait la funeste sé-

paration des diverses propriétés, j'ai fait entrer dans
mon plan général le projet suivant, auquel je vais
donner pour base hypothétique des réalités maté-
rielles qui doivent être prochaines.

J'admets donc, comme chose acquise, que dans
deux ans, en 1823, mes enfans ou moi possé-
dions les 3,000 brebis portières auxquelles je me
suis engagé envers Votre Majesté, et je laisse entièrement de côté les autres natures de troupeaux
qui compléteront les 10,000 têtes, parce qu'ils
seront toujours les suites proportionnelles d'une telle
souche.

Je suppose qu'il fût vrai alors, ou qu'il puisse
advenir d'ici là que l'un de mes enfans possédât de
son chef . . . . 400 brebis ;

Le second. 300

Que par des arrangemens
quelconques, le troisième   } 3,000
en eût. 200

Et que ma propriété per-
sonnelle fût de. 2,100

D'où résulterait, comme partage futur de suc-
cession, que, les choses restant en cet état,

Le premier posséderait un
jour. 1,100
Le second. 1,000   } 3,000
Le troisième. 900

ainsi que les suites proportionnelles de ces souches
différentes ;

Qu'anticipant, par règlement de famille, sur l'ou-
verture de nos successions, à l'effet d'assurer l'intérêt commun d'une manière impérissable, comme
sans porter atteinte aux jouissances viagères individuelles, les propriétaires réunis, ayant reconnu
l'avantage de ne pas se séparer, et celui de l'Etat

faisant cause commune en la circonstance , il fût rédigé un pacte de famille dont les faits et intentions seraient ,

1.º Que les trente centaines dont se composent 3,000 , seront considérées comme autant d'actions ;

2.º Que bien que cette pile vînt à s'augmenter indéfiniment , et poussée à tel nombre de brebis portières que ce fût , ce ne seraient jamais que trente actions qui posséderaient chacune la trentième partie des moutons de toute nature ;

3.º Que cette pile ne pourrait jamais être réduite au-dessous de la souche primitive de 3,000 brebis portières , aussi long-temps que les produits qu'elle rendra justifieront au moins douze pour cent net du capital primitif que chacun y aurait employé , et sur lequel on se fixerait en famille ;

4.º Qu'il n'y aurait qu'une seule et même administration, nommée par le conseil réuni des actionnaires , dans lequel la pluralité des voix serait comptée par le nombre d'actions que chacun y aurait ;

5.º Que les intérêts, tant actifs que passifs , seraient et demeureraient confondus de telle sorte qu'au lieu de propriétés distinctes, nuisibles sous mille rapports à la bonté de l'administration générale dont cette complication entrave la marche, il n'y aurait plus qu'une seule et même marque commerciale qui deviendrait la garantie de l'uniformité de ses produits , de quelque nature qu'ils pussent être;

6.º Qu'après compte fait de chaque année d'exploitation, chacun partagerait , au marc le franc de ses actions , ce qui serait déterminé par les registres d'administration de la pile , et arrêté chaque année par celui désigné à l'effet d'en recevoir les comptes ;

7.º Que si l'un des actionnaires voulait un jour vendre

vendre ou transporter partie de ses actions, il en serait le maître, après toutefois en avoir préalablement donné connaissance au conseil réuni des actionnaires ;

8.º Et enfin, que nul actionnaire ne pourrait jamais exiger son partage immédiat en nature, si les conséquences réduisaient la pile au-dessous de 10,000 têtes ; mais que cependant le conseil réuni pourrait y consentir en prenant des termes raisonnables et suffisans pour n'altérer en rien le fonds de la souche primitive, qui est et demeurera inviolable.

Ces bases, Sire, me semblent raisonnables ; et comme elles me paraissent plus que suffisantes pour faire saisir toutes mes pensées, je me hâte de rendre la plume au notaire pour reprendre celle du berger-administrateur, et en méditer les conséquences sous le double rapport des intérêts de famille et de l'intérêt public que ce projet m'a toujours présenté.

Comme intérêts de famille, j'observe que, moyennant un pacte de cette espèce qui, mûri par la réflexion, serait enfin dicté par la sagesse et inspiré par cette douce union qui, courant au-devant des divisions futures, ne cherche à les prévoir que pour s'assurer de les éviter, il offrirait à la société l'un de ces exemples qu'elle estime, et mériterait de son équité l'honorable qualification de bonne famille ;

Ou que, si la Providence venant à disposer de moi, comme de tout autre agriculteur suivant mes traces, sans que de telles institutions, ou du moins leur intention bien formelle ne fût chose arrêtée, voici les conséquences *infaillibles* qui sortiraient d'un partage imprudent, comme du défaut d'unité, et dont il me semble que ma longue expérience doit les avertir.

D'abord, et dans l'espèce où je me trouve, chaque

E

héritier venant à emmener son lot , emporterait
ici le tiers de la force commune , tandis que ce
n'est que la force totale qui constitue le mérite de
chaque force individuelle.

Ensuite il n'y aurait que celle du chef-lieu de
création qui pût espérer de survivre à la fatalité
de ce partage , par la raison bien simple , qu'indépendamment de sa part personnelle et héréditaire ,
elle succéderait seule aux choses indivisibles qui
ne peuvent ni se transporter ni se partager ; savoir :
le nom , la place connue , les ouvriers formés ,
les agens instruits , les ateliers montés , l'agriculture locale usagée , les vieilles écritures servant de
renseignemens , en un mot, les personnes et l'administration toute entière ; mais , et par-dessus
tout , cette part du chef-lieu hériterait seule des
habitudes commerciales , c'est-à-dire que presque
toutes les demandes , comme achat de laines ou
d'animaux , continueraient de s'y adresser , parce
que tout commerce a ses habitudes toujours dif-
ficiles à établir , mais qui varient peu quand elles
ont pris une direction déterminée. Car ne voyons-
nous pas , du petit au grand, qu'on se dirige toujours sur Beaucaire, Guibray, Francfort et Leipsick,
où nous allons comme y allaient nos pères , et
comme nos descendans continueront de s'y transporter ? Et, sans ce pacte de famille , j'ajoute aussi
que les intérêts du chef-lieu lui-même seraient
ébranlés jusques dans leurs fondemens.

Et d'abord , il aurait à supporter à lui seul les
frais d'une administration dont il ne payait aupa-
ravant que le tiers ; il serait obligé de publier de
tous côtés qu'il continue la pile , tandis que les
autres héritiers s'établissant ailleurs feraient à bon
droit les mêmes publications.

Plus elles seraient multipliées , plus elles donne-
raient à connaître au public que l'ancienne pile est
réellement détruite , ou du moins tellement réduite , qu'elle ne présente plus le même intérêt ni
les mêmes ressources. Chacune de ces piles devenant nécessairement rivales , menaceraient de
devenir ennemies ; et leur intérêt légitime les y entraînerait malgré elles , puisque , sorties de la même
souche , elles y auraient puisé les mêmes droits et le
même mérite : bientôt le commerce guetterait leurs
fautes , il en profiterait pour susciter entre elles une
concurrence au rabais ; et , en supposant même
qu'il dédaignât cet avantage , il arriverait toujours
qu'ayant été , je le suppose , habitué à trouver cent
balles de primes distinguées au chef-lieu d'un tel
établissement , ainsi que leurs assortimens relatifs ,
et n'y en rencontrant plus que trente ; bientôt ,
au lieu de ce concours lucratif qui , résultant de
l'union , bonifiait toutes les parts , ce chef-lieu lui-
même perdrait les deux tiers de cet éclat qui entraîne , et de ce je ne sais quoi qui force chacun
d'entrer par tout où l'on fait du bruit.

Alors son volume , réduit des deux tiers, perdrait
son nom de pile ; il ne serait plus qu'un gros troupeau particulier; pour qu'il redevînt pile, il faudrait
de nouveau qu'il arrêtât ses ventes, et qu'il suspendît
par conséquent ses jouissances durant nombre d'années.

Les fermiers de la contrée , instrumens habitués
de la pile ; ses amis-nés , ses prôneurs intéressés ,
ses soutiens comme ses collaborateurs, voyant partir
les deux tiers des troupeaux , et forcés , pour ces
mêmes deux tiers sortans , à penser à d'autres arrangemens, après avoir mis toute leur confiance dans ce
qui existait, après s'être ordonnés en conséquence, et
avoir contribué , par leur droiture , à ses succès

E 2

comme au relief dont elle jouissait ; ces fermiers, dis-je, mécontens d'avoir été délaissés, exerceraient leur humeur à raconter, dans leurs réunions, de peu de fond qu'on doit faire sur une institution qu'ils avaient crue solide, et qui n'est au fait que viagère.

Leurs réflexions passant de bouche en bouche, changeraient insensiblement les idées du pays ; tous reconnaîtraient que, faute d'un pacte de famille qui seul peut assurer la durée, le chef-lieu lui-même sera encore soumis aux mêmes partages à chaque mutation héréditaire. De là, affaiblissement graduel dans le crédit, retour aux anciens usages, désormais considérés comme plus solides, enfin avortement complet de toutes les promesses fondatrices.

Or, si ces inconvéniens et tant d'autres que je passe sous silence, menaçaient encore le premier lot, héritier des avantages indivisibles que j'ai signalés, que serait-ce donc pour ceux qui prétendraient s'établir ailleurs ? Je ne crains pas de les avertir comme de leur conseiller de vendre leur fonds au plus vite, dès le jour même où ils auraient la funeste pensée de se diviser ; et le cœur paternel qui en a pesé les conséquences a besoin de les fuir pour n'en être pas déchiré, quand il lui serait si doux au contraire de se survivre à lui-même, toujours présent au bonheur de ses enfans.

C'est donc en me rangeant sous les auspices de la sagesse et des lois qui nous gouvernent, comme en écoutant le cri de la nature, que je m'applique à moi-même, comme j'adresse à tous ceux qui pourraient songer à m'imiter, ce principe indispensable *de l'indivisibilité héréditaire*, sans lequel un patrimoine de cette espèce, que je crois destiné à devenir important s'il se maintient entier, et qui m'a coûté tant de veilles, ne serait plus qu'un songe creux qui se dissiperait au réveil d'héritiers imprudens que l'inexpérience aurait conduits.

Ce système d'ailleurs ne nous est-il pas déjà conseillé par de bons et nombreux exemples qui prospèrent et datent dans l'Etat ? Ne connaissons-nous pas un canal de Languedoc dont les actions se comptent, se divisent, se transmettent ? une manufacture des glaces qui a ses actionnaires comme ses actions héréditaires ? En partage-t-on les ateliers, les matières premières ou les fourneaux, quand tel actionnaire vient d'acquitter sa dette envers la nature ? Serait-il moins digne de posséder des actions sur d'importantes récoltes, que sur des bateaux, des forges ou des forêts ? L'agriculture enfin pourrait-elle cesser d'être la première, la plus utile comme la plus noble de nos industries, et celle qui honore le plus la France, en même temps qu'elle est le premier élément de sa puissance ?

Les choses deviennent toujours brillantes et honorables quand, sagement dirigées, elles s'exécutent en grand, et sur-tout quand elles comptent essentiellement dans l'intérêt public ; en sorte qu'après avoir prouvé, je l'espère, combien cette indivisibilité héréditaire est inséparable du succès, il ne me reste plus, Sire, qu'à résumer les faits qui intéressent la haute administration, et à soumettre à Votre Majesté les conclusions qui concourent à l'objet de ce rapport.

Je dis donc, en me résumant, qu'à moins de justifier l'erreur des faits et principes dont j'ai cherché à m'appuyer, c'est-à-dire de prouver,

Qu'il importe peu aux finances d'un Etat que son numéraire s'écoule, et qu'il lui est indifférent d'y apporter obstacle ;

Que la conservation ou l'amélioration des races ne

E 3

dépend en aucune manière de la bonté des haras ;

Que (toutes proportions gardées) les mêmes troupeaux métis, pris dans leur ensemble, rendent encore la même quantité et qualité de primes qu'a-lors que le zèle était à l'ordre du jour ;

Que plusieurs des troupeaux anciennement réputés n'ont pas vendu leur souche, ou ne sont pas tombés en état de langueur ;

Que les feuilles publiques qui les ont affichés étaient mal instruites ;

Que l'abandon d'une culture quelconque ne si-gnale pas qu'elle n'est plus lucrative, et que c'est la mode seule qui en décide ;

Que les lois héréditaires qui nous gouvernent ne sauraient atteindre les troupeaux, ni tendre à leur dislocation définitive ;

Qu'en cette espèce, subdivisions répétées ne tendent point à dissolution prochaine ;

Que le seul troupeau de Rambouillet suffirait pour alimenter les besoins de toute une agriculture florissante ;

Qu'une pile constituée comme je la propose est une idée fabuleuse, un songe creux, le produit d'une verve en délire, attendu qu'une telle pile ne pourrait ni se loger, ni marcher, ni payer, ni exer-cer la moindre influence future sur l'amélioration des troupeaux métis ;

Que l'on peut se passer de l'agriculture pour faire pousser des laines, et qu'il suffira toujours des fa-briques assistées des tiers industrieux, pour en garan-tir la possession, parce que leur discrétion certaine est la meilleure sauve-garde du laboureur ;

Que les lois et règlemens administratifs n'exercent aucune influence dans l'ordre social ;

Enfin , que le jour est la nuit, et que c'est elle qui nous éclaire ;

A moins, dis-je, de prouver tant de choses, qui jusqu'ici avaient échappé à nos lumières , je ne crains pas d'adresser à Votre Majesté la respectueuse remarque qu'il peut être temps que le Gouvernement daigne fixer les effets qui parlent , pour remonter aux causes qui détruisent. Et quand je réfléchis que ces mêmes troupeaux , devenus si florissans sous une administration simple qu'on taxait de chimérique , ne demandent qu'à s'agrandir et justifient tout ; que cette pile projetée est maintenant assez avancée pour autoriser toute espérance ; qu'elle est le propre ouvrage de Votre Majesté ; qu'enfin , sans ses bienfaits, elle se fût plongée dans le néant , dont la pénétration de ses lumières a voulu la garantir ; il me semble que , fort de son attache , je suis complètement autorisé à lui soumettre toutes mes pensées.

C'est donc en me rangeant sous son égide pour me mieux rapprocher du but, qu'en grande administration , je ne crains pas de dire que soixante mille moutons de pure race , divisés en quatre piles *héréditaires et indivisibles (dont je me fais fort de fournir le premier modèle, si la Providence daigne encore m'accorder quelques années)* ; que soixante mille moutons, dis-je , ainsi groupés , fourniraient dans l'Etat une force conservatrice mille fois plus puissante et tendant plus directement à l'amélioration générale des laines par voie de métisage , que des millions de moutons mélangés qui, livrés au gaspillage de l'ignorance , à la versatilité des fantaisies , et sur-tout aux conséquences de nos lois héréditaires , peuvent finir par être démolis , si la sagesse n'y met la main.

Que bien loin que ces piles doivent porter om-

E 4

brage aux moindres troupeaux de pure race, elles
seules pourraient encore les sauver de l'anéantisse-
ment qui les menace, en leur communiquant leur
crédit, comme ces aînés d'autrefois qui fondaient les
maisons, soutenaient leurs cadets, les élevaient
souvent, et qui n'ont jamais détruit la force des
familles ;

Que nos fabriques de première classe obtiendraient
per elles des masses importantes de productions uniformes qui, en garantissant d'avance la sûreté de
leurs travaux, contribueraient à la hardiesse de leurs
opérations commerciales ;

Que ces piles, solidement instituées, finiraient,
comme celles d'Espagne, par jeter un éclat qui per-
cerait jusques dans le lointain, se feraient des noms
européens, qui couvriraient de leur crédit une
masse énorme de moins grandes industries, auxquelles elles ouvriraient des écoulemens plus faciles,
en même temps qu'elles opposeraient de fortes digues
aux calculs de l'agiotage ;

Que les lavoirs de ces piles, caractérisant les laines
françaises de première classe, leur feraient prendre un
rang définitif dans les comptoirs européens, comme
les lavoirs de ces piles, en rivalité constante avec
ceux des laveurs de profession, entretiendraient une
émulation réciproque, dont les efforts tendraient
tous au profit du commerce, et finiraient par pénétrer dans les plus minces bergeries, dont l'intérêt
pécunier leur ouvrirait les portes.

De là, Sire, sortirait enfin cette liquidation définitive, à laquelle nous avons tant de moyens d'atteindre, quand la nature nous y fait si beau jeu :
de là des millions sans nombre annuellement économisés pour nos coffres, et dont les écoulemens ac-
tuels finiraient insensiblement par se tarir : de là

enfin l'État soulagé d'un grand fardeau ; et mille fois heureux, Sire, dans le cas où le bon emploi que j'aurais pu faire de ses bienfaits, aurait permis à l'un de ses fidèles sujets de river ce nouveau fleuron de l'opulence française, déjà attaché à la noble couronne de Votre Majesté.

C'est dans cette espérance, Sire, devenue pour moi un besoin, que j'oserai conclure :

1.º Qu'il plaise à Votre Majesté provoquer l'examen des causes qui ont produit le découragement des deux classes de l'agriculture, c'est-à-dire des propriétaires de troupeaux en pure race qui se relâchent ou détellent tous les jours, et de l'ensemble des cultivateurs par voie de métisage, dont beaucoup ont à-peu-près renoncé aux améliorations auxquelles ils apportaient tant de zèle ; puis vérifier si ces fâcheux résultats ne tireraient pas leur principe de lois et règlemens qu'il importe de réviser, puisque l'agriculture est et sera éternellement le principe créateur, faute duquel tout s'évanouit ;

2.º Que conséquemment, et par suite des mêmes motifs qui ont déterminé les premières bontés de Votre Majesté à mon égard, comme pour acquérir la science certaine des faits précisés en ce Rapport touchant le matériel de mes établissemens, il sera, au mois de juillet prochain 1822, expédié des commissaires *ad hoc*, pris dans l'ordre de l'agriculture et du commerce, auxquels je serai tenu de justifier, sous les deux rapports, tout ce qui pourra intéresser leur mission ; faire effectuer par mes ateliers, et sous leurs yeux, toutes les expériences par eux jugées utiles ; fournir toutes pièces et documens confirmatifs de mes assertions, pour du tout être fait par eux un rapport direct adressé à Votre Majesté séante en son conseil ; et s'il est jugé qu'il y ait certitude des faits et utilité bien indiquée, communication du résultat être transmis aux sociétés d'agriculture , comme communication officielle et certaine d'un fait qui peut l'intéresser , ainsi que le commerce et les finances de l'Etat.

Je suis avec le plus profond respect ,

SIRE ;

DE VOTRE MAJESTÉ ,

Le très-soumis et très-respectueux serviteur et sujet ,

Le Cte CHARLES DE POLIGNAC.

Outrelaise par Caen (Calvados) , chef-lieu de mes établissemens.
Le 16 Octobre 1821.

PIÈCES JUSTIFICATIVES.

—

(N.º 1.er)

PILE POLIGNAC.

—

TROUPEAUX
DE PURE RACE ESPAGNOLE,

Mis en pension annuelle par M. le Comte DE POLIGNAC.

————◆————

ENTRE les soussignés , M. CHARLES-LOUIS-ALEXANDRE , comte DE POLIGNAC , maréchal des camps et armées du Roi, de présent au château d'Outrelaise , commune de Gouvix, canton de Bretteville , arrondissement de Falaise , département du Calvados , où il élit domicile à l'effet des présentes , d'une part;

    Et d'autre part le S.r

    cultivateur a

    commune d

    arrondissement d

    département d

où il élit aussi domicile à l'effet des présentes , a été convenu de ce qui suit :

Que mondit sieur comte DE POLIGNAC , procédant tant en son nom que comme fondé des pouvoirs de qui il appartient , place en pension chez ledit preneur , la quantité suivante de bêtes de pure race ; SAVOIR :

    Brebis portières

    Antenaises devenant bécardes sans nourrir

    Agneaux femelles devenant antenaises

    Beliers d'âge

    Agneaux élevés pour beliers

    Moutons d'âge

Agneaux moutons
appartenant à
aux clauses et conditions qui vont suivre :

ART. 1.er Le preneur sera tenu de loger , bien nourrir et soigner en bon père de famille ledit troupeau , comme aussi de lui faire administrer tous les remèdes et médicamens nécessaires, et d'en payer le berger , le tout à ses frais ; s'obligeant en outre à ne jamais le faire parquer.

ART. 2. Convenu et arrêté entre les parties contractantes , qu'elles auront l'entière liberté de leurs actions touchant la continuation ou la rupture des accords qui vont suivre , lesquels ne seront jamais obligatoires que pour une année, qui commencera à la St.-Michel mil huit cent
pour finir à pareil jour de la St.-Michel mil huit cent
et ainsi de suite , s'il y a lieu ; mais que cependant , et pour ne pas se porter préjudice l'une à l'autre , elles seront tenues de s'avertir deux mois d'avance qu'elles veulent cesser; auquel cas , elles seront libres de séparer leurs intérêts , sans être réciproquement sujettes à aucun dédommagement.

ART. 3. Sera déchargé le preneur de toutes les pertes causées par cas fortuits indépendans d'une bonne administration , tels que seraient : maladies épidémiques constatées, et de tout ce qui n'appartient point au défaut de soins ou de bonne et suffisante nourriture ; le tout suivant les saisons et les besoins de ces animaux, que le preneur a déclaré bien connaître ; pourvu cependant que , dans tous les cas de mort naturelle ou autres imprévues, ledit preneur rapporte les peaux des bêtes mortes.

Mais s'il arrivait que , par négligence , gale invétérée , défaut de nourriture , enfin , que par le fait d'une mauvaise et coupable administration , dont il serait justifié par enquête , aux frais du coupable , le troupeau vînt à dépérir; serait dès-lors le propriétaire autorisé , sans autre titre que les présentes , préalablement et dès le moment même , à faire fournir d'autorité au troupeau , les fourrages et autres alimens dans la quantité proportionnelle et d'usage en la saison , chez les autres fermiers tenant bien les mêmes troupeaux ; le tout aux frais du preneur, comme sans préjudice des autres poursuites à l'effet d'obtenir des dommages et intérêts proportionnels et à dire d'experts , en calculant ces dommages d'après le cours justifié qu'auraient eu en l'année précédente les animaux de même espèce première qualité tenus par les autres fermiers du même établissement : *lesquels troupeaux, et non d'autres* , serviraient de point de comparaison aux experts pour porter leur jugement ; que les

dédommagemens , récompenses et frais accordés par leur décision , seront préalablement imputables sur le prix de la pension;
pour le surplus , s'il y a lieu , sur les biens présens et futurs du
preneur.

Et c'est à l'effet d'obvier comme de prévenir des extrémités
toujours si fâcheuses pour les deux parties , qu'il est de convention expresse, *sans laquelle le présent n'eût eu lieu,* qu'aussitôt
que des pertes notoires , des maladies épidémiques ou le dépé-
rissement d'un troupeau viendraient à éclater , serait tenu le
preneur d'en donner à l'instant même avis direct à M. DE POLI-
GNAC , comme d'en informer en même temps le sieur Etienne
RICHER , demeurant au château d'Outrelaise , spécialement
chargé de l'inspection et administration générale du matériel de
tout l'établissement , lequel se transporterait immédiatement
sur place , en prendrait connaissance , vérifierait les causes , y
porterait secours , et sauverait ainsi aux parties contractantes
la fâcheuse et pénible nécessité d'en venir à des poursuites plus
graves.

ART. 4. Convenu entre les parties contractantes que les
laines , comme les animaux , ainsi que toutes les issues du troupeau , sont et demeureront, *sans aucune exception ,* la propriété exclusive du bailleur , sans que le preneur puisse jamais
en rien prétendre ni détourner , ni qu'il puisse y adjoindre ou
permettre que son berger y adjoigne aucune bête étrangère à
celles signalées au présent contrat , *fussent-elles de pure race ,*
et , sur-tout , comme jamais , aucune bête indigène ou du pays:
condition de rigueur à laquelle le preneur se tient pour averti
que l'inspecteur en chef est spécialement chargé de tenir la
main , sous sa responsabilité personnelle.

ART. 5. Se tient d'avance le preneur pour bien informé ,
qu'attendu que le succès comme la bonté des élèves dépendent
entièrement d'une nourriture saine , suffisante , constante et
bien suivie , il conservera toujours des varets d'hiver ou autres
pâtures que son intelligence ménagera en suffisante quantité
pour bien substanter son troupeau depuis le 15 juin jusqu'à la
moisson ; que jamais il n'y suppléera par le pacage dans des herbages ou prairies basses , parce qu'il s'y rencontre presque toujours des nourritures dangereuses et mal-saines;et que la moindre
infraction à cette clause spéciale sera considérée *comme portant
atteinte à la sûreté du capital , et poursuivie sans rémission.*

Sera d'ailleurs M. DE POLIGNAC , par lui ou son fondé de
pouvoirs , maître de disposer de son troupeau comme bon lui
semblera , dans les saisons qui l'exigent ; de fixer l'époque de la

tonte qui s'en fera en sa présence , ou sur son autorisation par écrit , ou celle de son représentant; le tout aux frais du preneur, qui sera , en outre , tenu d'en transporter les laines , sans rétribution , dans les magasins du château d'Outrelaise , chef-lieu de l'établissement , et où est son lavoir.

Convenu également que dans la saison des ventes , le bailleur aura toute latitude de distraire à volonté dudit troupeau toutes les bêtes marchandes dont il trouverait ou croirait trouver le débit , le tout conformément aux usages qui en sont établis , comme aussi d'y faire en toutes saisons les changemens proportionnels et nécessaires , de telle sorte que les animaux de même force et de même nature se trouvent toujours ensemble comme sans aucun mélange , et qu'à l'époque de la St.-Jean , *au plus tard* , les agneaux mâles comme les agneaux femelles soient séparés des mères , et formés en troupeaux de même nature par la voie des échanges , lesquels nouveaux troupeaux d'agneaux mâles et femelles ainsi réunis, seront gardés séparément aux frais du preneur , et auront constamment la prime des meilleures pâtures , à partir depuis la St.-Jean jusqu'à la St.-Michel , époque à laquelle se constituent les emménagemens d'hiver , et où toutes choses vont à leur destination définitive.

Art. 6. Et contre les charges, clauses et conditions ci-dessus acceptées par le preneur , M. de Polignac , ou ayans-cause , seront tenus de lui payer, à titre de pension annuelle, qui comptera d'une St.-Michel à l'autre pour être acquises , savoir :

Vingt francs par tête de brebis portière y compris son agneau.

Dix-huit francs par tête d'agneaux *élevés pour beliers;* parce qu'il est bien entendu que les preneurs en auront un soin tout particulier , et qu'ils recevront toujours la nourriture de première qualité abondante et suivie nécessaire à leur développement.

Quinze francs par tête de beliers d'âge qui exigent un peu moins d'abondance.

Et douze francs par tête de moutons d'âge , agneaux moutons devenant antenais, agnelles devenant antenaises , ou antenaises faites devenant bécardes sans nourrir.

Ne seront tenus, M. de Polignac ou ses ayans-cause , d'acquitter lesdites pensions qu'en deux paiemens égaux , dont le premier écherra le jour de Noël en *suivant* l'année de la pension révolue , et la seconde moitié le jour de Pâques aussi en suivant.

Passeront les preneurs au bailleur , la nourriture de cinq animaux pour cent et au prorata , sans qu'il soit tenu de payer le prix de leur pension (c'est-à-dire que cent cinq et au prorata ne compteront comme pension que pour cent).

Et en échange comme par compensation des avantages que le bailleur trouvera dans cette nouvelle clause, passera de son côté M. de Polignac aux fermiers, la perte de dix animaux sur cent cinq, sans déduction du prix de la pension totale, en sorte que quatre-vingt-quinze animaux sur cent cinq, rendus bien portans à la St.-Michel de l'année révolue, recevront la pension de cent.

Mais si la perte venait à excéder, pour quelque cause que ce fût, alors il serait retranché, sur le montant total desdites pensions, autant de fois vingt, dix-huit, quinze et douze fr., qu'il se défaudrait d'animaux au-delà des dix de perte sur cent cinq concédés comme est dit ci-dessus.

Convenu aussi que tous preneurs qui prendront en pension des brebis portières, devront au moins rendre, à la St.-Michel en suivant, la quantité de quatre-vingt-huit agneaux bien sains et bien venans sur cent cinq brebis, ou en proportion ; et que s'ils n'en rendaient qu'une moindre quantité, ils ne recevraient alors que douze fr. au lieu de vingt pour autant de brebis qu'il manquera d'agneaux bien portans au nombre de quatre-vingt-huit sur cent cinq, car tout troupeau bien soigné doit les obtenir; aussi cette condition sera-t-elle considérée de rigueur, comme nécessaire à la sûreté du propriétaire, pour le garantir contre la négligence de certains bergers au temps de l'agnelage ; contre leur défaut de soins, pour empêcher que leurs brebis prêtes à mettre bas ne se foulent entre elles en passant les portes, ce qui en fait avorter plusieurs ; et aussi pour obvier aux conséquences des petites et secrètes économies de certains fermiers qui, pour gagner quelques écus sur les gages d'un berger, en préfèrent d'autres qui, ne connaissant pas leur métier, voient ainsi périr entre leurs mains plus ou moins de brebis et d'agneaux qu'un berger instruit aurait sauvés ; ce qui ruine la souche, et diminue considérablement la masse, la nature, et par conséquent la valeur des récoltes.

ART. 7. Sera expressément tenu le preneur d'organiser ses râteliers comme il lui sera indiqué, et aussi de manière à ce que les moutons ne puissent ni se glisser ni se coucher sous les mangeoires, comme à ne jamais permettre ou souffrir que les bergers enfourragent quand les animaux sont dans la bergerie. Ces clauses sont et seront de rigueur absolue, parce qu'elles ne demandent que du soin sans dépense pour le fermier, tandis que le contraire entraîne des pertes très-considérables pour le propriétaire, en raison de la quantité de laines pailleuses qui en résultent.

Art. 8. A titre de faisances faisant partie du présent marché, et comme clause sans laquelle le troupeau n'eût été donné, le preneur sera tenu de fournir et d'envoyer , franche de port , à Paris , à l'adresse de M. DE POLIGNAC , rue de Grenelle-St.-Germain , n.º 45 , et ce , aux époques qui en seront d'avance déterminées ci-après , la quantité de   bourriche composée comme il suit :

Art. 9 et dernier. Convenu enfin entre les parties que dans le cas où l'exécution des présentes forcerait l'une d'elles à se mettre en règle pour quelque motif que ce fût , celle des parties qui y aurait donné lieu serait entièrement et seule passible du coût de l'enregistrement , comme de tous les frais ultérieurs qui en dériveraient , et qu'elles seront toujours libres, si elles y croient leur sûreté intéressée , de faire enregistrer le présent à leurs frais quand bon leur semblera , sans autre convention que les présentes.

Fait , arrêté et signé double entre les parties , après lecture faite.

Au château d'Outrelaise , le

PIÈCE N.° 2. *Copie du Journal des Fermiers.*

ÉTABLISSEMENT DU CALVADOS.

TROUPEAUX MÉRINOS DE PURE RACE.

JOURNAL DES FERMIERS

Qui les tiennent en pension annuelle.

F

Lᴇ 29 septembre 18   , ont été placés pour
un an , par M. le Comte ᴅᴇ Pᴏʟɪɢɴᴀᴄ,
chez

cultivateur à

arrondissement de

département du Calvados , selon les clauses
portées au contrat ; ꜱᴀᴠᴏɪʀ:

(*Nota*. Suit la désignation du placement fait.)

MOIS.	Dates.	NAISSANCE des Agneaux.		MORT des Agneaux.		OBSERVATIONS particulières. Relater ici la cause de la mort.
		Mâles.	Femelles.	Mâles.	Femelles	
Totaux.						

MORTALITÉS survenues dans le cours de l'année parmi les grandes bêtes composant la souche du Troupeau.

MOIS.	Date	MARQUE du Troupeau	PLACE où l'on inscrira la cause de la mortalité, ainsi que l'espèce et le numéro du troupeau que portait l'animal.
Totaux			

Mutations qui ont eu lieu dans le Troupeau pendant le cours de l'année.

C'est ici que les fermiers auront le soin d'enregistrer ou faire enregistrer et *signer*, par le berger qui opérera les mutations d'animaux, tous ceux qu'on leur aura pris pour les ventes, tous ceux qu'on leur aura ramenés en remplacement, et ce, par date, mois, nombre, espèce et numéro du troupeau.

Mois.	Dates	Détail des mutations comme il est dit ci-dessus.

MOIS.	DATES.	BÊTES DE BOUCHERIE VENDUES PENDANT L'ANNÉE. Espèce et N.º du Troupeau.	PRIX.	
			F.	C.

ERRATA.

Page 14, ligne 12, au lieu de versalité, lisez : versatilité.

Même page, ligne 17, au lieu de je ne permettrai pas, lisez : je ne me permettrai pas.

CE LIVRE SE VEND,

A PARIS,

Chez N. PICHARD, libraire, quai Conti, n.º 5 ;

A ROUEN,

Chez FRÈRE aîné, libraire.